2018 年度江苏高校哲学社会科学研究重点项目《江苏近代外来建筑式样本土化及其谱系研究》研究成果，项目编号：2018SJZDI146

江苏近代建筑式样图说

过伟敏　刘　佳　著

中国轻工业出版社

目 录

一、研究的回顾

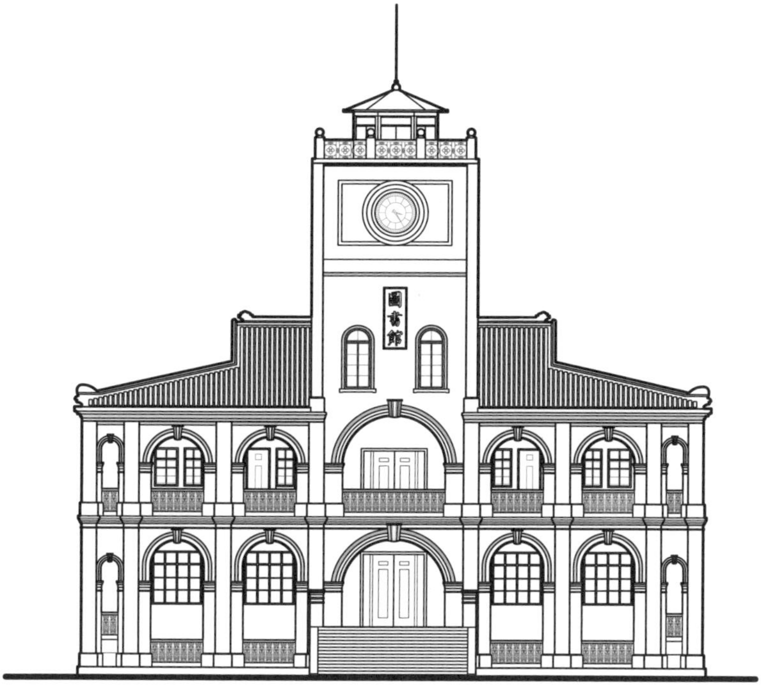

（一）研究的回望与再出发

为什么要出这本书和这样一本书？

笔者所带领的团队围绕江苏城市传统建筑的传承研究，从1998年开始，迄今已有二十余年。作为回望，希望出版一部能比较全面、系统反映上述研究工作成果，同时涉及江苏多个城市的横向式研究专集。这个专集应该是学术性和可读性兼具的传统建筑研究著作。

在过去的研究过程中，结合研究的进展，研究团队已出版了《建筑艺术遗产保护与利用》（江西美术出版社，2006）、《扬州老城区民居建筑》《镇江近代建筑》《南通近代“中西合璧”建筑》（“江苏城市传统建筑研究系列丛书”，东南大学出版社，2015）、《无锡传统历史建筑》（中国建筑工业出版社，2019）5本涉及江苏城市传统建筑研究的著作，除《建筑艺术遗产保护与利用》中有部分内容论及其他江南城镇外，其余4本著作都是江苏单个城市传统建筑个案式研究的专著。

从本书的内容来看，主要是前面谈到的对研究工作的回望。同时，本书的出版亦成为研究工作再出发的标志。

具体而言，回望，主要是对笔者所带领的团队二十余年来围绕江苏城市传统建筑的认知研究，做一个阶段性总结。当然，本书在内容选择上不是简单的、资料式的堆砌，而是选择了既往认知研究中的一个重要研究问题（即江苏近代外来建筑式样的本土化）进行系统的总结。同时，研究对象的空间亦能覆盖江苏地区的多个城市，回答同一个研究问题的区域性的总体特点，并兼有对区域内不同城市间的传统建筑进行横向比较的意义和目的。

而再出发，指团队二十余年来已基本完成江苏地区多个城市传统建筑（包括多个建筑类型和不同历史时期的案例）的认知研究。

下一阶段的研究重点，将转向基于历史环境的当代传承设计的方法研究，回归当初设立研究团队的初心。当然，江苏地区城市传统建筑的认知，仍然是团队的研究领域，下一阶段的研究工作主要是补缺和深掘。

另外，从本书的体例来看，区别于以往学术著作以文字为主的面貌，以图为主，文字为辅，即所谓的“图文版”。写作和研究的方法为“图说文论”。本书以图为主，不是为了标新立异或者敷衍了事，而是另有缘由。

首先，能帮助读者通过对图像的阅读，比较直观地了解江苏近代时期，在苏州、无锡、常州、镇江、南通等非“主流”城市所建造的建筑式样和特色、发展的基本脉络，以增加本书的可读性和普及性。

其次，能为江苏近代时期上述诸市建筑遗产的保护和当代传承提供“原始”形象资料的支撑，同时亦希冀能推动江苏近代建筑历史信息库的建设，为其历史信息的保全做一定的铺垫。

最后，亦进一步体现了设计学专业研究的特点和特色。举凡，设计学的研究对象都有具体的形象，设计学的研究成果均有图，图（尤其是绘制的设计分析图）亦是论证的重要证据材料。“图说文论”当是设计学专业研究的重要路径。笔者团队参与编撰的《中国设计全集（全20卷）》（商务印书馆、海天出版社，2012）、《中国当代设计全集（全20卷）》（商务印书馆，2015）、《中国少数民族设计全集（全55卷）》（山西人民出版社、人民美术出版社，2019）均采用了“图说文论”的方法，出版后得到业界同行的充分认可。“图说文论”的方法能兼顾著作的学术性和可读性。

更为重要的是，2021年下半年国家发布了《关于在城乡建设中加强历史文化保护传承的意见》，充分体现了国家层面对城乡历史环境和传承优秀传统建筑文化的高度重视。2022年上半年江苏省亦专门印发了《关于在城乡建设中加强历史文化保护传承的实施意见》。本书作为江苏城市传统建筑保护和传承的专项研究成果，响应了国家和地方的社会和文化发展的重大需求。

总之，这本兼顾学术性和可读性的专题性研究著作的出版，是希望能在普及和传播江苏近代建筑的相关知识以及保全历史信息等方面，尽绵薄之力。

（二）对设计研究的认识

在当今的大学中，研究已成为一种教师日常的“自觉”工作。而20世纪八九十年代实践类专业院校的研究氛围又是如何呢？

在20世纪80年代初至中期，笔者在南京工学院（今东南大学）建筑系和建筑研究所，分别进行建筑学本科和建筑设计与理论研究生阶段的学习时，总体上的氛围是“技艺至上”。这个“技艺”主要指动手能力，包括设计能力和表现能力。动手能力强的教师受到学生的追捧，而动手能力强的学生亦受到教师的青睐，同时被同学们高看一眼。“技艺”在一定程度上被作为“设计方法”“设计思维”的替代品。“理论研究”相对边缘，貌似处于非主流的角色。

当年研究生的报考方向，主要有建筑设计与理论、城市规划设计与理论、建筑历史与理论、建筑科学和技术（主要是建筑物理方面的研究，亦是纯粹的工学研究）。建筑系的学生，动手能力强的大多报考了建筑设计与理论研究方向，继续做着当个“伟大建筑师”的美梦。可见当时学校对学生专业精神的培养是如此的深入人心，完全是“学一行，爱一行”的状态和效果，以及实践型专业对学生动手能力的充分重视，让师生从教与学的不同层面全方位地形成了一种集体意识。

当然，学校和教师并不是否定研究，不去做研究。一些前辈学者仍在中国传统建筑和园林研究中深耕，中青年教师亦在开启新兴设计理论和设计实践的研究。南京工学院建筑系的学者赓续了中国营造社关于中国传统建筑研究的血脉。

现在回想来，当时“理论研究”为什么会处于相对边缘的地位？

其一是，大家对学术研究普遍存有敬畏之心，对学术研究者有高山仰止的崇敬之心。既有进入学术研究的门槛较高的缘故，亦有实践型专业教师认为“研究”是理论型专业教师的事的缘故。重实践、轻理论的现象肯定存在。直至今日，实践型专业类院校“理论”和“实践”之间仍存在着难以逾越的鸿沟。

其二是，在恢复高考以后，当时全国包括南京工学院在内仅有8个院校（俗称“老八校”）设立了建筑学专业，且招生数有限。同时，国内各级设计院人才断层，青黄不接。另外，国内城市建设处在复苏期，百废待兴，对建筑设计人员的需求空间较大。再加上学位制度恢复不久，学校的学科建设意识远没有今天强烈。一时，建筑学专业的职业实践属性被放大，其研究属性被遮蔽，亦导致重技艺、轻研究的情况加剧。

其三是，当时研究的基础条件比较薄弱，互联网还未兴起，信息非常闭塞。尤其是文献资料的获取非常难，国内的文献尚可通过到各级图书馆现场查阅获得，国外的文献则十分有限。记得当时建筑系有个外文资料室，主要是通过中国图书进出口公司订阅《建筑实录》《建筑评论》《室内设计》等英文期刊，供教师和研究生现场阅读。这些外文资料一般不能借阅，显得十分神秘和神圣。

教师们的研究有涉及国外建筑历史的，也有涉及建筑设计和理论研究的，这些教师基本上是改革开放后，受国家公派而负笈海外，有过一段国外院校访学或留学经历，他们在海外的田野调查经验和带回的专业资料，成了国内研究的起点，亦促成多位教师成为当时新兴设计研究领域的执牛耳者。

其时，坊间亦流传着个笑话："谁占有一本书，谁就能成为专家"。资料缺乏的研究者，苦于无门，大有恨铁不成钢的感觉。尽管是个笑谈，却从一个侧面反映了研究中文献资料的重要性，以及文献资料对研究的支撑作用。

建筑学属于工科门类，同时因具有艺术、人文、社会的属性，当是工科门类中的"异类"。当时建筑学的相关研究，除建筑物理方面的研究需要实验和依赖实验室，采用定量研究的方式外，其他研究领域主要采用定性研究的方式。

举凡学术研究，尤其是文科的研究，选题可以千千万万，但缺少足够的文献资料和充分的田野调查，研究就难乎为继，不得善终。笔者所在的研究团队就是基于大量的田野调查，通过获得许多第一手的传统建筑图像资料，结合相关历史文献展开研究的。没有大量的、对传统建筑现场的调查，许多研究无法展开。曾有学者认为，所谓文科研究的创新，在于研究成果相对既往研究有新的观点，或者说推翻了原有的结论。可见文科研究的创新在于新的论据材料的掌握。无怪乎许多文科研究的推进，都有赖于包括考古新发现在内的新史料证据的发现。

记得笔者在读研时，为积累研究资料，曾节衣缩食专门复印了几本图书馆内少见的、大部头的专业著作。另外，为便于深入研读，当时还做了大量的资料卡片。今非昔比，尤其是进入信息时代以来，现代研究获取文献资料的便捷度，是当年无法想象的，倒是选择研究什么问题，成为当代研究者的新困惑。

20世纪80年代后期笔者研究生毕业，到无锡轻工业学院工业设计系（今江南大学设计学院前身）任教时，加上一同分配来的研究生同学，整个系只有两位具有硕士学历的教师，亦算是受过一定正规学术训练的教师。当年工业设计系的氛围，基本上是南京工学院建筑系和国内美术学院两者氛围的基本特点的交融。首先，工业设计系内都是实践型专业，同建筑系基本类同。其次，工业设计系脱胎于轻工产品美术造型系，有美院工艺美术系的特点。学生都是艺术生，当个画家或者艺术家，是他们考学的起点和人生梦想。在90年代初，工业设计系尝试在个别专业（产品设计、室内设计）招收部分理工生，积极探索“艺工结合”，并获国家教学成果二等奖。

当时的工业设计系与南京工学院建筑系是无法同日而语的，与纯粹的美术学院亦不尽相同。南京工学院建筑系有着十分深厚的历史积淀，始建于1927年，是中国现代建筑教育的发源地，有着始于“布扎体系”的完整教学体系。同时，20世纪80年代恢复学位制度后，南京工学院建筑系就被列为建筑学博士学位授予单位。中国第一个建筑学博士是由南京工学院建筑系培养的。而无锡轻工业学院工业设计系当时还没有学位点，主要是培养设计类专业的本科生，学科建设的意识相对薄弱，整个系还处在复苏建设期。

无锡轻工业学院工业设计系作为应用美术起家的系，早年开设的专业是响应国家提升轻工产品和包装外观美之需，故十分强调动手能力（包括设计能力、表现能力和艺术创作能力），教师的日常工作在于教学和艺术、设计的创作（其时完成了许多服务社会的项目，无锡地区多个设计领域的优秀设计作品，多是由无锡轻工业学院工业设计系的教师主持完成），专业实践能力受到社会各界的交口称赞。

以作品说话，亦成为当时衡量教师能力和水平的标尺。承担设计课程的教师，包括刚留校或者外校毕业到工业设计系任教的青年教师都有很强的动手能力。而当时系里“理论研究”同样处于较为边缘的地位，同样是重实践、轻理论，重技艺、轻研究。不说出版专著（当时出版的著作主要是供设计参考的图集），连出版教材亦寥寥无几。当然，系里不乏有设计思想和设计智慧以及研究潜能的教师。但当时，系里上下都在为培养动手能力强的专业实践型优秀设计人才的目标而努力。教师的功课主要在既有知识传递、设计技能传授和学生美学品格的育成。同时，90年代国内市场经济的热潮，使动手能力强的工业设计系各专业方向的毕业生受到高校和企业的热捧和青睐。

为什么无锡轻工业学院工业设计系的“理论研究”同样处于相对边缘的地位？作为以培养实践型专业设计人才的系，原因除了与南京工学院建筑系类似外，还有两点：

其一是，无锡轻工业学院工业设计系（前身为轻工产品美术造型系）专业的设置是布局性的，完全没有来自外部的竞争。这种现象至少延续到20世纪末和21世纪初。

其二是，教师的知识和能力的类型生态不平衡，主体教师多是以设计（艺术创作）技能见长的类型，亦没有专门的史论教研室。不像美术（艺术）学院有单独的史论系，南京工学院建筑系有中国建筑历史教研室和外国建筑历史教研室，并设有建筑研究所。这些院校至少配置有实践型、理论型的不同教师，可以各司其职。更何况，史论系或者教研室都有理论研究的传统和积累。

作为一个优秀的设计学院的教师群体，笔者认为，合理的教师队伍，应该有一流的设计教育家、一流的设计家和一流的理论家三种不同类型的名师领衔，由具有专业实践型、专业教学型、理论研究型不同专长和能力的教师组成。

进入21世纪，江南大学设计学院（无锡轻工业学院工业设计系）因外部竞争的激烈和内部建设的需求，尤其需要以研究为基础，创造知识，秉承历史，寻求特色，发出自己的声音。通过近十年的努力，学院的研究体系得以建立，优良的研究氛围得以形成。

尽管工业设计系（设计学院的前身）早年在“理论研究”方面较为薄弱，但是在教学改革研究方面始终是投入的，且有成效，20世纪90年代中叶获得的国家教学成果二等奖便是明证。后来的设计学院在加强学术研究的同时，仍在教学改革研究方面持续发力和深耕，又先后3次获得国家教学成果二等奖，成就了国内设计教育界的一段佳话。

以上仅是笔者对20世纪学习和工作时所在学校的研究环境进行较长时间观察后的看法，可能存在偏颇。

（三）研究的必要性和研究问题的确立

为什么要研究及如何选择和确立研究问题？

设计学的研究对象为衣、食、住、行、用中经过设计并为人使用的人造物，具有美学、人文、社会等多重属性，其研究与建筑学的研究有着许多相同之处。当然与建筑学相比，设计学（从属于“艺术学”门类的设计学2011年成为一级学科）仍是十分年轻的学科，需要向包括建筑学等在内的传统学科学习。

根据当时国务院学位委员会设计学学科评议组提出的设计学知识与领域体系的指引，设计学学科的知识与领域由4大部分组成，分别是设计历史与文化、设计思维与方法、设计工程与技术、设计经济与管理，基本覆盖了设计从作品、产品到商品的全过程所需要的相关知识和技能。这4大部分的知识与领域，亦是设计学研究的主体内容。设计学研究包括理论研究和实践研究两大部分。其中理论研究所对标的应该是文史哲学科专业的研究，亦是学术研究的天花板，包括笔者在内，无坚实的学术训练、深厚的学养和开阔的视野的研究者，一般是无法企及的。

研究的本质在于创造新的知识。从笔者所在的设计学学科来看，作为一个年轻的学科，具有跨学科的特点，尽管近二十年来其规模发展十分迅速，其体量几乎占所有艺术学门类专业的半壁江山，且学科专业的内涵和外延在不断变化和扩大。自设立一级学科十余年来，对学科的界定一直在持续争论中。尽管设计学学科和专业实践性强，但无论是教学还是学术都应该进行研究。另外，实践型的教师，有了充分的实践，亦需要进行提炼总结，使之成为“经验”（见地），即所谓的“见修相长”。

目前设计学学科无论是在理论研究方面，还是在实践研究方面，均存在着新的困境。其主要表现如下：

其一，对当代技术发展的回应不够。主要是设计语言无法回应当今科学技术和社会意识的变革。

其二，推动学科与专业发展的新知识生产不足。主要是专业的知识体系建构尚不完善，支撑专业发展的知识明显不足。

笔者所在研究团队的研究始于1998年。在1998年以前，笔者作为实践型专业教师，除认真教学和编写过两本学校的自印教材外，主要顺应工业设计系的“大流”，完成了大量的建筑设计、室内设计，以及后来景观设计等方向的社会服务项目。

触动笔者思考“需要研究”的最大原因，首先是，笔者在参与完成城乡新建项目时，其时项目各方（尤其是业主）对建筑历史和环境无视且无感，最终落地的设计均是为新而新，导致大量传统建筑及其环境消失。其次是，即便有对传统建筑及其环境的传承设计，亦多呈现为表面的“符号化”。最后是，笔者在不断参加社会服务项目后逐步产生了一种新的认识，认为，作为实践型专业教师参与设计实践项目应该有别于设计院的设计师，重在引领设计趋向，进而产生新的设计思想，而非简单完成设计。当然，这并不是否定设计院的设计师在完成项目时的思考和设计追求。两者的本质区别在于“思想型”和“生产型”之别，其中“思想型”的产生来自对设计研究的不断积累。

当时受现实环境的触动和自身思考的带动，以及系里从海外访学归国的中年教师执着于学术的感化，笔者开始并带领团队全身心地投入研究，选择的研究课题为“建筑艺术遗产保护与再生”。研究起步时，完全是出自一种使命感和学术的自觉，没有任何科研项目需要完成和支持，亦没有各级基金项目可以

（左图）图1《建筑艺术遗产保护与利用》书影

（右图）图2 2011年笔者在意大利讲学时的海报

申请。另外，当时“遗产保护”还是个冷门，学界鲜有关注，亦不曾想到在今日会成为显学。

此项研究持续8年后，首次作为一个软课题纳入学校所在地的市级建设科技计划，出版了以无锡地区传统街区旧建筑及其环境更新设计为研究主体的《建筑艺术遗产保护与利用》作为研究成果。笔者在该书前言中曾写道：“对‘老房子’的研究需要拓展深度，尤其需要从学术理论与实际操作两个向度来探索可供借鉴的理论和方法。”“希望‘老房子’不在梦中，重新回到我们的生活中，成为当今鲜活城市生活的根基和内容。”翌年，《建筑艺术遗产保护与利用》获得江苏省哲学社会科学优秀成果二等奖，随后研究团队的研究工作和进展亦受到意大利同行的关注。

《建筑艺术遗产保护与利用》作为研究起步期的标志性成果，不仅得到学界的好评，亦成为研究团队全面开启江苏城市传统建筑研究的重要节点和新的起点（图1、图2）。

二、研究对象的选择及研究的价值

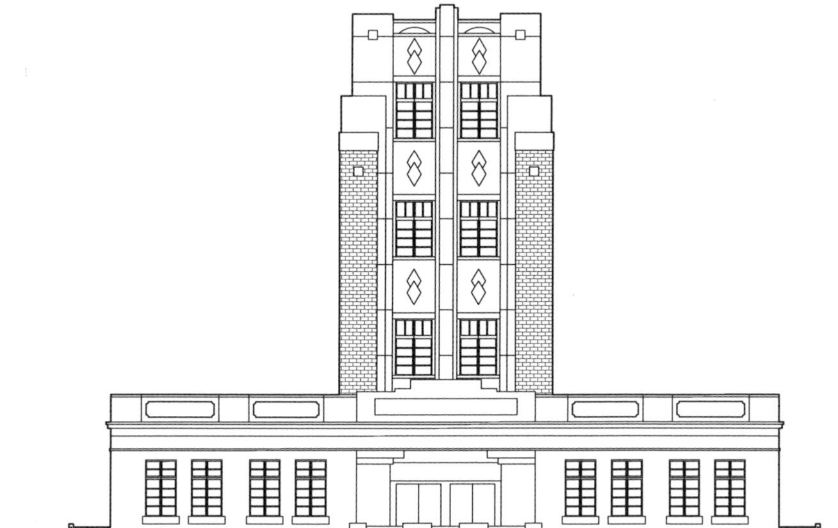

（一）以江苏城市传统建筑作为研究对象

为什么选择江苏城市的传统建筑作为研究对象？

笔者所带领的研究团队自1998年开始关注江苏城市的传统建筑，其中重要的研究背景是，因房地产业自20世纪90年代中后期开始勃兴，导致城市中大量历史街区和传统建筑大量消失。同时，城市建筑的形象开始被商业资本所左右，大规模的“拆旧建新”，直接导致城市风貌及其建筑形象日趋一致，表现为制品化、同质化，进而工具化。在这种社会大背景下，城市的历史记忆开始不断消减。许多具有上千年历史的城市，身临其间，恍若新城。地域性消退与丧失，厚重的历史积淀被抹去，城市的年轮已无从记取。况且，其中许多城市还冠有国家级历史文化名城的称号。

选择江苏城市的传统历史建筑作为研究对象有如下四点原因：

其一，笔者任教的学校在江苏，进行相关的田野调查时，具有一定的便利性。同时，江苏地区的历史文化资源和文化积淀丰厚，尤其是苏南地区及长江江苏段两岸的城市，包括南京、苏州、无锡、镇江、扬州、南通、常州等城市均为中国历史文化名城。其中，常州相较其他城市获得中国历史文化名城的称号较晚。另外，徐州、淮安泰州以及县级市宜兴、高邮、常熟等，亦都是中国历史文化名城。

其二，既往关于江苏城市的传统建筑，研究较为充分或者学界关注度较高的城市主要是南京和苏州，其中南京传统建筑的研究主要集中在民国建筑，苏州传统建筑的研究则主要集中在传统园林和民居建筑。笔者研究团队在出版“江苏城市传统建筑研究系列丛书”时（图3）曾提及，“目前学术界对江苏地区城市的研究大多集中于

图3 “江苏城市传统建筑研究系列丛书”书影

历史、文化及民俗等方面，而对于江苏城市传统特色建筑的研究，则主要集中在对南京民国时期的建筑、苏州的园林及民居建筑的研究等方面，对苏南（无锡、常州）、苏中（镇江、扬州）及苏北（南通）等江苏地区具有代表性的城市传统建筑艺术遗产的研究相对薄弱。因此，就现有关于南京与苏州两市传统特色建筑的研究成果来看，无法令人全面认识江苏地区城市传统建筑的建造特征与文化的整体面貌，亦无法令人正确认识与比较江苏地区传统建筑所呈现出的多元性、差异性的发展脉络与鲜明特色”①。总之，既有江苏城市传统建筑的研究成果，与江苏拥有国家历史文化名城数量的匹配度不够。

其三，应和了建筑学家、建筑教育家、清华大学教授陈志华先生在其著作《意大利古建筑散记》②中提及与意大利巴德瓦大学教授们交流时，意大利教授所表达的有关观点。意大利教授介绍他们的建筑史研究都已转向微观的建筑史，研究本乡本土的普通房子成了热门。他们做这样的研究选择，主要与古建筑的保护有关系。陈志华先生谈及的意大利教授关于建筑史研究的转向，在一定程度上反映了与微观的建筑史相对的宏观的建筑史研究成果丰硕、研究者众多，而对各地区域性的建筑研究和认知不足，造成地域性建筑传承的基础缺失。尽管宏观的建筑史所总结的一般规律，部分会适用于地域性建筑，但其无法替代地域性建筑具有的鲜明特色和普遍存在的特殊性。可以认为，对地域性建筑的研究，同样具有重要的学术价值。

① 过伟敏．寻找江苏地区建筑文化传承设计的“基因”[J]．创意与设计，2014（5）：25．

②《意大利古建筑散记》初版收录于中国建筑工业出版社1996年出版、杨永生主编《建筑文库》其中一册。最新版在商务印书馆2021年出版的《陈志华文集》第十卷、第175—176页．

其四，研究江苏城市的传统建筑，尽管属于建筑史论的研究范畴，但是笔者团队的研究目标，并不止于研究对象的历史研究，而是基于建筑史的研究，探求和建构传统建筑认知与价值判断的方法，为江苏地区城市传统建筑这一艺术遗产在现代化语境中的保护与特色传承设计提供理论依据。亦希冀为同类和相近的研究提供方法论层面的支持。笔者研究团队始终认为，“对建筑艺术遗产资源的发掘与传统建筑形态的认知，是一切保护和传承设计活动的基础。只有加强对建筑艺术遗产本体形态特征的专门化研究，从理论层面探讨传统建筑艺术遗产的本体价值，才能形成对建筑艺术遗产形态特征的判断标准，进而可能确立建筑艺术遗产的保护和设计手法”①。简言之，对需要传承的对象都没有弄明白，说不清楚，谈何传承与创新！

（二）研究的核心内容和研究策略

江苏城市传统建筑研究的核心内容和研究策略是什么？

江苏城市传统建筑研究的核心内容，是基于传统建筑的形态认知，通过较为深度的挖掘，去寻找不同城市、不同类别建筑艺术遗产的“基因”。“寻找建筑艺术遗产可延续的本质与内核，主要是借用生物学上的‘基因’概念。‘基因’是控制生物个体性状的基本遗传单位。研究地域建筑文化传承设计的‘基因’，即发掘传统特色建筑所携带的遗传信息，总结其控制性状的基本遗传单位（元）。寻找建筑艺术遗产的‘基因’，是传统建筑形态认知的核心内容”②。

二十余年来，研究团队先后对无锡、扬州、镇江、南通、常州、苏州、徐州、淮安，以及以上诸市的下辖地区，如宜兴、高邮、兴化等，展开了可谓抢救性的调查和研究。曾记得，研究团队于2007年对镇江的近代建筑开始研究时，可作为研究对象的实体建筑数量还十分众多，不曾想到，仅仅过去十多年，这些传统建筑已消失了许多。众所周知，对于传统建筑的研究，除文献史料外，建筑实体是十分重要的第一手研究资料。囿于这个现实，研究团队唯有与时间赛跑。同时亦根据各市所留存传统建筑的多寡，对不同的城市采用不同的研究策略，并明确具体的研究问题。

其中，对无锡传统建筑的研究，主要偏重于回答何为无锡的本土建筑风格？对扬州传统建筑的研究，主要偏重于回答何为扬州传统建造的原型？对于

①② 过伟敏．寻找江苏地区建筑文化传承设计的“基因”[J]．创意与设计，2014（5）：25.

镇江近代建筑的研究，主要偏重于回答传统式样建筑是如何现代转型的？以及20世纪二三十年代镇江中西合璧建筑的基本面貌是什么？对南通中西合璧建筑的研究，主要偏重于回答南通中西合璧建筑的基本样式有哪些？这些样式又是如何产生与演变的？对于常州明清时期传统民居建筑的研究，主要偏重于回答明清两代常州传统民居建筑的特征是什么？以及士绅阶层是如何影响民居建筑的建造活动的？对于苏州近代建筑的研究，主要从社会心理的角度，着重于研究其形式选择的机制是什么？以及苏州近代建筑的谱系关系如何？在研究方式上，主要是历时性和共时性结合。

另外，除去对单个城市的个案（代表性的、典型的系列建筑）进行纵向研究外，还对苏南地区（主要是苏州、无锡、常州三市）近代工商建筑式样、明清传统民居建筑装饰，以及江南地区（苏州、无锡、常州、镇江四市）的“早期现代主义建筑”、民国苏州与无锡城市商店立面式样、苏锡常地区近代建筑装饰图案等内容进行了纵向和横向的比较研究（其中部分研究还将近代建筑的“源头”城市——上海和南京引入，进行比较）。在比较中总结共性和差异，并将共性研究作为重点，并以此来探究江南传统建筑的谱系关系及其特征，解释同一地域内不同城市传统建筑形态选择的路径及其相互间的影响。

（三）研究的学术价值

江苏城市传统建筑研究的学术价值和研究成果的创新是什么？

通过对江苏上述不同城市的传统建筑类型及其特点的剖析和解读，梳理其在建造材料、建造方法及建筑格局上的基本特征，力求全面反映江苏地区传统建筑在艺术、文化与技术等方面的特征。研究构建了以上江苏不同城市建筑遗产主体形态特征的“基因”库。研究观点和成果对探索近代中国中小型城市在传统建筑式样，新建筑样式的肇始（传统建筑的转型）、定型与演化，尤其是对建筑风格形成的判断，以及同一地域内不同城市之间建筑形式的选择和影响方式等方面均具有重要的参考价值。

以上持续二十余年的研究工作和取得的研究进展，为当下江苏不同城市建筑艺术遗产保护与利用及其地域建筑的传承与创新奠定了基础。同时，开创了地域性建筑研究的新领域，从设计学的角度，建立了传统建筑认知与价值判断的方法，并探明了同一地域内不同城市之间建筑形式的选择和影响方式的机制。相关研究成果受到国内外学界同行的高度肯定和关注。

更为重要的是，在开展以上研究时，多个研究的研究对象为近代建筑，或者与近代建筑有着直接的关联。通过研究发现，这些城市的近代建筑尤其是外来建筑式样都存在着明显且持续的本土化现象。

三、近代江苏外来建筑式样的本土化

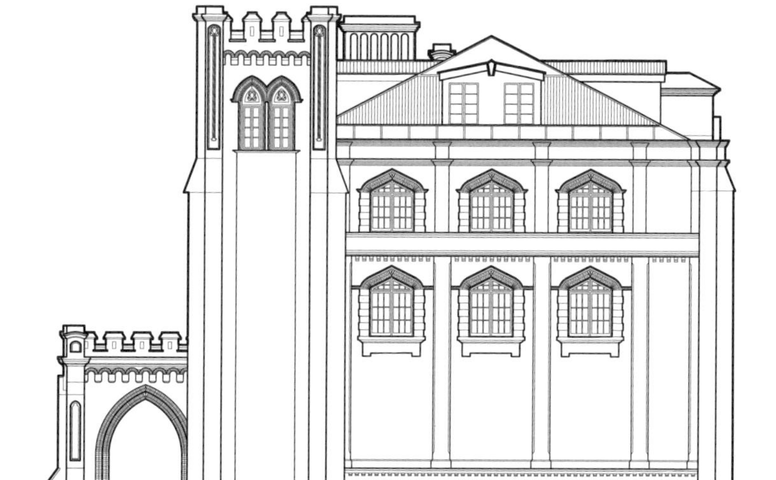

（一）江苏近代建筑的主要类型和外来建筑式样

从清政府1842年被迫签订《南京条约》，将广州、福州、厦门、宁波、上海五地开放为通商口岸（史称“五口通商”），至1949年中华人民共和国成立，江苏近代建筑经历了百余年的发展历程。近代是中国社会从传统农耕社会向工业化社会转型的重要时期，亦是文化、科技、政治、经济实现转型和发展的重要时期。

五口通商后，来自西方的建筑理念、思潮，以及建筑式样（从早期的古典建筑式样、殖民主义建筑式样，到装饰主义建筑式样，再到现代主义建筑式样），即开始影响江苏地区的建造活动，并产生了许多与当地传统建筑式样有着明显差异的建筑形式。当然，这种影响是全面的，不吝于建筑式样，还包括新的建筑理念、新的建筑功能和类型、新的建筑空间形式、新的建筑材料和技术的运用、新的建造和施工组织等诸方面。这种影响及其带来的变革，对应于工业化社会初期建筑物的建造特征，有别于传统农耕社会以手工艺（江苏传统建筑多以“木匠”为主导而建造）完成建筑物建造的特点。

1. 江苏近代建筑及其主要类型

江苏近代建筑指的是近代时期在江苏建造的具有近代特性的建筑物，这种近代特性表现出与传统建筑在型制、结构、材料等方面的显著差异。笔者研究团队2015年在整理出版“江苏城市传统建筑研究系列丛书”时，曾总结道，“江苏地区城市传统建筑发展的基本脉络，大致可分为三个重要阶段：首先是农耕时期，建筑面貌表现为传统式样；其次是近代工业兴起时期，出现了大量的中西合璧式建筑；最后是近代后期，一部分建筑开始呈现早期现代主义建筑的特点”①。

另外，笔者研究团队通过对无锡民国时期工商建筑的研究，认为：“民国后期最终呈现出传统式样、‘中西合璧’与早期现代主义样式的多种式样工商建筑形式三元并存的状态”②。

同时：“‘早期现代主义建筑’主要是民国中后期新建造的，主动运用新材料（水泥、机制砖瓦等）与新技术（以钢筋混凝土结构为代表），充分发挥建筑材料自身的美感，力图表现建筑外观与功能的统一”③，并对“早期现代主义”做出了定义，认为这类建筑“因仍处在发育期，许多设计案例具有‘功能主义’的主要特征，并非纯粹的现代主义风格的建筑，故称这种式样为‘早期现代主义’”④。

可以认为，近代江苏地区这些新建建筑物的式样，基本上可以分为三种类型，即农耕时期式样（即传统建筑式样）、中西合璧式样和早期现代主义式样（图4、图5、图6）。当然，部分城市因开埠或者出现租界等亦曾出现过一定数量的殖民主义式样建筑（图7）。但是，从江苏近代建筑发展历史的脉络来看，农耕时期式样（即传统建筑式样）、中西合璧式样和早期现代主义式样仍是新建建筑采用的主要式样。

（左图）图4 农耕时期式样建筑（无锡荣泉生宅）

（右图）图5 中西合璧式样建筑（无锡天香楼）

① 过伟敏．寻找江苏地区建筑文化传承设计的“基因”[J]．创意与设计，2014（5）：25.

②③ 史明．明末至民国时期江苏无锡工商建筑的建造观念[J]．南京艺术学院学报（美术与设计版），2015（4）：52.

④ 过伟敏等．民国苏州与无锡城市商店立面式样[C]．2017年亚洲设计文化学会（ADCS）国际研讨会论文集，2017：205.

图6 早期现代主义式样建筑（无锡中国银行旧址）

图7 殖民主义式样建筑（镇江英国领事馆辅楼）

2. 江苏近代外来建筑式样

江苏近代时期的外来建筑式样主要有早期现代主义式样和中西合璧式样两种类型。

其中，早期现代主义式样建筑，主要是体现了现代主义设计思想，其在近代江苏的源起（注：早期现代主义式样的建筑在江苏发端于民国中后期，各市的首例产生时间不一）和发展历程较为短暂，相对而言案例较少。而农耕时期式样的建筑，主要是承续江苏各地传统建筑式样，亦就是这些新建建筑物仍采用各地原有传统建筑的建造方式和型制。

早期现代主义式样建筑的设计思想来自西方，对应世界工业革命以来的机器生产方式和理念，是典型的外来建筑式样；同时，近代建造的、外观仍带有明显农耕时期式样特征的建筑，部分亦或多或少地受到外来文化的影响。这种影响主要反映在建筑空间布局的变化上，如在苏南地区常见的“转盘楼”，即为以院落为核心的传统空间与两层回廊式建筑相结合的平面布局型制（图8）。影响结果，即这些建筑多为中西建筑元素的交融。故在研究中，笔者研究团队亦将此类建筑划入中西合璧式样的建筑行列。

中西合璧式样建筑是近代江苏外来建筑式样本土化的结果，同时亦是近代江苏地区最具有代表性的、新建案例最多和持续时间最长的建筑类型。故以下主要以中西合璧式样建筑为例，归纳和总结近代江苏外来建筑式样的本土化方式。

图8 转盘楼（两层回廊式建筑，无锡薛福成故居）

（二）近代江苏外来建筑式样本土化的方式①

作为近代江苏外来建筑式样本土化的典型代表，中西合璧式样建筑量大面广，苏州、无锡、常州、镇江、南通等城市均有众多案例，且涉及不同的建筑功能类型，如工商业、居住、公共活动、教育等，几乎覆盖了当时新建的所有建筑类型。关于其产生原因，笔者研究团队结合前述多个城市近代建筑的研究，已有许多论述和论断，在此不再赘述。

笔者所在研究团队2012年对镇江近代建筑进行研究总结时，曾将镇江近代时期建造的中西合璧式样建筑，定义为内中外西式、内西外中式、中西融合式三种不同的类型。“内中外西式即建筑内部采用传统中式空间或造型风格，而建筑外立面被西式风格的表皮包裹。”“内西外中式是在近代中后期镇江个别近代建筑中出现的手法。外部建筑造型采用传统建筑样式，内部则采用西式的新兴空间形式。”“中西融合式建筑较其他两种来说，中西方的建筑特色有了更好的融合，而不止于生硬的叠加和拼凑。往往在同一栋建筑中，从空间到造型，既有西式的要素又凸显了传统建筑的特色。”②

随后，此观点在笔者所在研究团队后续开展的对无锡近代中西合璧建筑的研究中，包括同在江苏、处于长江北岸，被称为中国“近代第一城”（吴良镛语）的南通近代中西合璧建筑的研究中，得到了进一步的验证和运用。同样，亦在苏南地区苏州、无锡和常州三市的近代工商业建筑的式样特征和比较研究

① 本节内容曾发表于《创意与设计》2021年第4期.

② 过伟敏，刘佳. 镇江近代建筑[M]. 南京：东南大学出版社，2015：87.

中，受现代主义建筑思潮影响的江南近代建筑的设计特征研究中，以及对苏州近代建筑谱系的研究中得到验证。

可以认为，内中外西式、内西外中式、中西融合式三种类型的分类方式，适用于江苏上述诸市的中西合璧式样建筑，且具有较好的普适性。这些中西合璧式样建筑，在设计手法上的表现主要是“折中主义”。而从学理的层面，作为近代江苏外来建筑式样本土化的代表，其本土化方式又是如何？

关于近代外来建筑式样本土化的讨论和分析，多从研究对象的建筑本体所包含的建筑空间形态、建筑造型、立面造型、细部处理等方面展开。同时，基于类型学的研究方法，对其从形式原型、文化原型、审美原型等不同角度进行解读。

笔者研究团队认为，“对建筑艺术遗产进行系统的认知，即将建筑艺术遗产视为一个形式系统，包含形相、功能、结构与意义四个方面，形相即建筑外观的物理形式属性；功能即基于支持人的各类行为与活动的建筑内外空间环境的布局；结构即建筑形式呈现的机制与方式；意义即建筑蕴含的文化内涵”[①]。其中，“结构”一词对于从更高层次（抽象的角度）来观察和解析近代江苏外来建筑式样本土化的学理，更具价值。当然，对于其“结构”的描述和分析，“形相”是重要的基础和观测点。在此，“功能”和“意义”暂且忽略。

基于以上观点和认识，若从建筑物的整体形态（“结构”）和形式（“形相”）结合的角度来观察的话，近代江苏外来建筑式样的本土化方式，呈现为一种“体”与“用”关系，以及一种“图”与“底”关系。其中，在建筑空间生成和布局与建筑整体外观形式方面，表现为一种“体”与“用”关系；而在建筑立面构图和处理方式与建筑局部装饰细节处理方面，则表现为一种“图”与“底”关系。

1. 本土化方式一：中观层面的“体”与“用”关系

中观层面的“体”与“用”关系，“体”主要指整体上的“结构”作为主体，是主角，主导性指向十分明确，而“用”主要指局部上的“融入”，表现为配角，从属于“体”。即“体”为主，“用”为辅，两者体现为主从的状态。

这类外来建筑式样的本土化方式，又可以分为中体西用和西体中用两种具体运用结果。

① 过伟敏．寻找江苏地区建筑文化传承设计的“基因”[J]．创意与设计，2014（5）：25.

其中中体西用，即“中”为主，“西”为辅。所谓“中”为主，即这些建筑物在建筑空间布局或者外观形体处理上，仍采用江苏各地传统建筑的建造式样和方式，包括主要传统建筑材料的运用。其中，建筑空间布局采用合院，建筑面宽采用开间，建筑进深采用院落组织；建筑外观形式仍在整体上采用当地传统建筑的型制和外观处理要素，比如传统屋顶造型和建筑立面处理方式；主要建筑材料仍采用传统木构，抹灰墙。而所谓“西”为辅，即来自西方古典建筑的元素（建筑构件或者装饰符号），在这些建筑物的内部空间或者建筑外观中被局部地运用或者植入。二者对应于前述的内中外西式、中西融合式的形式分类。如无锡薛福成的“钦使第”（现称薛福成故居，始建于1890年，1894年建成）（图9）、镇江五卅演讲厅（建于1925年）（图10）。

而西体中用，即“西”为主，“中”为辅。所谓“西”为主，主要表现在空间组织的方式倾向于功能的优先和流线的合理，空间的生成方式更具有逻辑性。这些建筑物开始脱离了中国传统建筑的“结构性”生成方式，而走向“设计性”。这些建筑物的空间布局方式采用西方的设计理念，形成了较为明确的以“西”为主导的格局。尤其在建筑结构上不再采用木结构，而开始采用砖结构承重的方式。当然，这些建筑物在外观上，可能完全是江苏各地传统建筑的式样和面貌，或者是江苏各地传统建筑式样与西方古典建筑式样的混合与杂糅。在内部空间的细节上，亦可能有江苏各地传统建筑的构件或者纹样和图案作为装饰。以上这些表现则可归纳为“中”为辅。此二者对应于前述的内西外中式、中西融合式的形式分类。如无锡天主教堂（现称三里桥天主堂，始建于1707年，1892年重建）（图11），苏州杨家桥天主堂（又名七苦圣母堂，始建于19世纪90年代）（图12），镇江商会（建于1929年）（图13），常州临清木业公所（又称临清公馆，建于1921年）（图14）。

图9 无锡薛福成故居

图10 镇江五卅演讲厅

图11 无锡天主教堂

图12 苏州杨家桥天主堂

图13 镇江商会

图14 常州临清木业公所

2. 本土化方式二：微观层面的“图”与“底”关系

相对于本土化方式一，这种本土化方式大多表现在局部，较为具体，甚至较为隐秘，体现了一种“润物无声”的境界。故本文将其归纳为通过微观层面的“图”与“底”关系来达成本土化的目的。

微观层面的“图”与“底”关系，主要体现在建筑物外观的立面造型、构图、比例，甚至尺度方面。其中，“图”作为主体的感知内容，对整体形象起到决定性作用，而“底”作为附属，仅起到衬托的作用。“图”与“底”两者相互对比，构成建筑物外观整体形象的判断方向。

这类外来建筑式样的本土化方式，可以分为三种具体实施路径。其整体建筑外观形象，对应于前述中西融合式的形式分类。

其一，表现为建筑外观整体上采用了西方古典建筑式样，形成了“图”，具有高识别度和强烈的形式倾向。而在立面处理上又采用了江苏各地传统建筑

图15 无锡南门缪公馆

图16 镇江蒋怀仁诊所

的构件或者纹样和图案作为装饰，这些构件或者纹样和图案则作为“底”，这些地域性特征强烈的建筑“符号”，起到在一定程度上体现外来建筑式样本土化的作用。如无锡南门缪公馆（又名缪斌旧居，建于1932年）（图15）、镇江蒋怀仁诊所（建成于1907年）（图16）。

其二，表现为建筑外观完全采用了西方古典建筑式样，并成为“图”，而“底”出现并不直观。建筑外观立面上，没有采用江苏各地传统建筑的构件或者纹样和图案作为装饰。“底”表现隐秘，主要通过其立面划分的比例和构图的尺度来体现。笔者研究团队在对无锡地区20世纪二三十年代中西合璧式样建筑进行研究时①，发现部分中西合璧式样建筑在立面比例和构图上存在与当地传统建筑式样耦合的设计现象。究其缘故，主要是这些中西合璧式样建筑尽管外表完全采用了西方古典建筑式样，但建筑结构仍采用了传统的木结构，是这个木结构的形式左右了其最终外观的立面比例和构图的划分和组织。可以认为，采用了传统木结构建造的中西合璧式样建筑，有别于采用砖结构建造的中西合璧式样建筑外观的立面比例和构图。这种外来建筑式样的本土化，其“底”并不能一目了然，属于“内化”的途径。如无锡县商会（又称无锡锡金商会）（建于1915年）（图17）、苏州吴县田业银行（建于1921年）（图18）。

其三，即以上两种实施路径兼而有之。如镇江绍宗藏书楼（建于1933年）

① 邱冰，过伟敏．无锡地区20世纪二三十年代“中西合璧”建筑特征的解析[J]．城市发展研究，2004（1）．

图17 无锡县商会

图18 苏州吴县田业银行

图19 镇江绍宗藏书楼

图20 无锡东门陈大明宅

图21 苏州博习医院门诊楼

（图19）、无锡东门陈大明宅（约建于1918年）（图20）、苏州博习医院门诊楼（建于1920—1922年）（图21）。

另外，近代江苏中西合璧建筑作为外来建筑式样的主体，在本土化过程中，其个体建筑最终形式的受制因素较多，如经济因素、政治因素的左右，社会精英阶层的主导和倡导，建造技术和材料的出现和利用、传统文化的始终影响等。总体而言，其形式选择的机制主要表现为自适应、自发育的过程。

以上仅是从近代江苏中西合璧建筑整体形式“结构”角度，对近代江苏外来建筑式样本土化方式作出的一种理性解析。

可以看到，近代江苏外来建筑式样本土化，是江苏传统建筑在近代化的道路上向现代转型过程中的作为，亦是中国传统建筑和建造文化与来自西方的建筑和建造理念两者博弈的结果。近代江苏外来建筑式样本土化，体现了民族意识的觉醒，更昭示着中华民族的文化自信。近代江苏外来建筑式样本土化的路径，已在我国乃至世界建筑史上，留下十分重要的篇章。毋庸置疑，江苏近代建筑本土化的方式具有重要的历史意义和当代价值。

（三）江苏近代外来建筑式样本土化的形式选择机制

众所周知，在中国历史上，近代是一个重要的时期，所谓“西风东渐”，来自外部的文化逐步影响了包括建筑在内的器物形式，甚至设计理念和建造（制造）方式，江苏地区亦不例外。当然，中国亦处在一个从传统农耕社会向近现代转型的关键时期，自身有着汲取新理念、新方式和新技术等的发展需求，应和了“学衡派”在同期所提出的“昌明国粹，融化新知”的重要观点。

在外来文化的强势影响下，江苏近代建筑大抵经历了从开始被动接受外来建筑式样，到逐步将之本土化、主动选择的过程。期间，关于本土化的探索和实践始终没有停止，在民国年间更是掀起了高潮，并影响后世。

而江苏近代外来建筑式样本土化的形式选择机制究竟如何？

回溯江苏近代外来建筑式样本土化的历程，笔者认为，尽管江苏近代外来建筑式样本土化的形式选择机制，在整体上主要表现为一个自适应、自发育的过程。但具体而言，其形式选择机制的方式，可以从建筑功能的需求、社会审美的需求，以及建筑材料和技术的迭代三个层面，来做进一步的解释。

1. 建筑功能的需求

近代江苏从传统手工业向工业化转型，机器生产是其中重要的标志。而机器生产需要对应有较大跨度和较为开阔的柱间距的建筑室内空间。然而，以砖木为主的江苏传统建筑式样，无法满足这种新的功能需求，因此转而选择适宜的、新的建造技术成为一种必然。换言之，追求实用、顺应新需求的功利性思维，成为当时许多新建建筑建造的主导因素。

比如，1895年（清光绪二十一年）建于江苏无锡东门外“杨氏”家族的业勤纱厂，号称无锡地区第一家近代工厂，其主体——两层的厂房建筑采用了西式的砖木混合结构。这种结构以砖墙承重为主，使厂房建筑能向垂直方向发展，并满足机器生产的需求和生产设备的荷载。同时这种结构有别于江苏传统建筑一直沿用的砖木结构（江苏传统式样建筑的砖木结构，是以木结构为承重体系，有抬梁式和穿斗式两种形式，墙体仅为填充，不作为承重结构，即所谓“墙倒屋不倒”），当然，其外观亦是“中西合璧”建筑式样（图22）。

又如，1946年重建于江苏无锡西门外太保墩“荣氏”家族的茂新第一面粉厂（原厂房被侵华日军炸毁），在原址上聘请了来自上海的华盖建筑师事务

图22 无锡业勤纱厂（图片来源：《无锡旧影》）

图23 无锡茂新第一面粉厂

所，由著名建筑师赵深担任主笔设计师进行新厂房的设计。新厂房具有简洁的外观，反映了其时开始盛行的现代主义建筑的主要特征（图23）。更为重要的是，主厂房采用钢筋混凝土结构，高达三层，大尺度的内部空间适应于以机械为主的生产设备的安放和实际运行的需要，且空间布局使生产流程更加短捷、顺畅，提高了生产效率。同时因新厂房的三层空间较为节地，推进了工业厂房的多层化发展趋势。

再如，1938年建于江苏无锡东门的北仓门蚕丝仓库，运用了三角形的桁架屋架，采用了大跨度砖木混合结构，外观为清水砖外墙，无任何装饰。该仓库也高达三层，是近代无锡地区大跨度、多层集约型仓储建筑的范例（图24）。

2. 社会审美的需求

首先，近代初期出现的本土化特征较为明显的教会建筑和在江苏地区多个城市建造的殖民主义式样建筑等来自西方的新功能和新形式建筑，最初以强制植入江苏本土的方式出现，并成为江苏近代建筑的发端。其在一定程度上，带动了民众对来自异域的建筑的关注与认知，为社会审美的变革奠定了基础。

随着五口通商，江苏一些城市开埠，甚至出现了租界。其中：苏州为约

图24 无锡北仓门蚕丝仓库

开商埠（注：1895年签订的《马关条约》，导致苏州成为增辟商埠，同年清政府又在苏州城南护城河外设日租界）；无锡为自开商埠；而镇江于1861年开埠，1864年以后才开始规划和建设租界（镇江在民国时期曾为江苏省省会）。

在此期间，苏州、镇江均建有一些殖民主义式样的建筑。学界认为，这种建筑式样，是由定居在殖民地城市和通商口岸（18世纪后期的印度与东南亚等国）的西方人，结合当地气候逐步改造西式建筑而形成的。这种建筑式样，其外观以连续、宽敞的外廊为主要特征，亦称为殖民地外廊式建筑。如位于江苏苏州葑门外觅渡桥的关税务司署办公楼（建于1896年），其主要功能是主持港口开放后的海关事务。该建筑共两层，有四周环通的宽阔的拱券外廊，并采用木质百叶门窗和铸铁工艺栏杆（图25）。又如，位于镇江租界区内、云台山下小码头街的英国领事馆建筑群，主楼（始建于1864年，1890年重建）外观以券廊、四坡瓦楞铁皮顶为主要特色，外墙为清水青红砖夹筑，另有线脚装饰（图26）。再如，位于镇江长江路的英租界工部局（建于1890年），该建筑为三层楼房，南向立面的二、三层设有拱券廊，首层为8个拱券窗。外墙整体上采用清水青砖砌筑，而发券及线脚等部分则采用清水红砖。另外，外墙亦有装饰柱和砖拱券等装饰（图27）。

这些殖民主义式样建筑在整体数量上并不是太多，在江苏地区的持续时间并不长，仅在近代早期出现，至20世纪初就基本上不再采用。其主要原因是，江苏地区四季分明的气候，采用四周环通的外廊的建筑布局形式并不适宜。在

图25 苏州关税务司署办公楼

图26 镇江英国领事馆主楼

图27 镇江英租界工部局

一定程度上，殖民主义式样建筑的消失，可以视为江苏外来建筑式样在本土化过程中对建筑形式的重新选择，即对不适宜当地气候的四周环通拱廊形式的摒弃。但是殖民主义式样建筑作为社会审美的风向标，其对江苏地区不同社会群体的影响是巨大的。可以认为，殖民主义式样建筑的出现，为来自西方的其他建筑式样在江苏地区传播奠定了较为重要的前期基础。这种殖民主义式样建筑，在学界亦被认为是中国近代建筑的启蒙或发端。

而比殖民主义式样建筑在江苏地区出现更早、源自西方建筑功能类型和建筑形式的建筑，是教会建筑。这种教会建筑亦是近代江苏地区具有典型意义的新型建筑类型。当然，在江苏地区建造的教会建筑，本土化的特点是十分明显的，大多以中西合璧建筑式样的面貌出现。

清末时期，传教士进入江苏各地进行传教活动，随之出现了教会建筑。教会建筑包括天主教教堂、基督教教堂和传教士、相关教会人员住所，以及由教会兴办的教会学堂（校）、教会医院等。无锡、苏州、镇江等地均有一定数量的教会建筑。如位于江苏无锡北塘区（现为梁溪区）三里桥民主街的无锡天主教堂就是典型的中西合璧式样建筑，其原型来自哥特式建筑。采用十字形平面布局，室内有修长的束柱，外观有尖券拱门、线脚尖塔、玻璃花窗等西方古典建筑元素，西式特征较为明显。但同时亦有题字砖雕、灰瓦屋檐、青砖墙面等中国传统建筑外观装饰的要素（图11），且采用的是木构屋架的结构形式。

与之同期建造的教堂，如位于江苏苏州城西（现三香路）的杨家桥天主堂。该教堂亦是中西合璧式样建筑，采用拉丁十字式平面布局。其主立面（东立面）为青砖砌筑的五叠（架）马头墙，入口为三扇罗马式拱门（一主二副），并饰以彩色玻璃的玫瑰花窗，而其他立面均为苏州当地传统建筑式样的粉墙黛瓦风格的处理方式，但开设有拱券长窗。屋脊则采用传统吉祥图案，并以灰塑工艺进行装饰处理。其室内空间多采用传统建筑的式样和做法，极具苏州本土建筑特色（图12）。该教堂建筑同样采用的是木构屋架结构形式。

值得一提的是，江苏苏州杨家桥天主堂主入口的处理十分罕见，是对传统式样建筑的一种背离。因为在中国传统建造中，马头墙从来是作为侧面山墙处理，或者说山墙面一直是次要的。举凡主入口，均在大大小小、高高低低的各式屋檐下。从形式规律的角度来看，主入口上方，通常是一条贯通正立面开间，且与大地（地面）平行的水平线。

然而，在西方古典建筑中，使用山墙面作为主立面是一种设计惯例。另外，因教堂的平面布局形式多为十字形，形状基本呈现为长矩形，并且采用的是该矩形平面长边方向、以连续的三段式不同内容空间的组织方式，或称垂直方向的空间组织方式（即其空间序列组织特点）。因此在矩形平面短边方向设置主入口是其必然选择。而同样作为宗教类建筑，中国的庙宇的殿，无论是道教的还是佛教的，假如是同样的长矩形平面形状，通常采用的是水平方向三段式（殿一般至少是3个开间）的空间组织方式（或称横向的空间组织方式），且是以中间的空间（开间）为主的中轴对称形式。比较两者的空间处理方式，可以看到中西建筑文化的差异。当然，中国传统建筑中的牌坊，其中间高、两边低的造型，与上述山墙面的形式近似。从形式的渊源来看，两者更有着异曲同工之妙，在一定程度上亦可视作本土化的一种。

回溯江苏近代建筑的发展历史，可以看到的是，上述以山墙面作为主立面的外观处理方式，尤其适合面阔较小的建筑，其对江苏近代建筑造型的影响是深远的。这种方式在中西合璧式样商业建筑，甚至公益建筑等其他功能类型的建筑中有较多运用案例。同时，采用山墙面作为主立面外观处理方式的建筑，在无锡、苏州、镇江、南京及南通等城市均有建造。

再如，位于江苏镇江大西路的福音堂（建于1889年）亦是中西合璧式样建筑。其入口主立面山墙设有玫瑰圆形窗，外墙开设有尖拱形门窗（图28）。该教堂建筑同样采用的是木构屋架结构形式。

在江苏地区建造的教堂建筑，多采用了中西合璧的建筑式样，当然，不同

图28 镇江福音堂

的案例，其本土化的方式和路径各有不同。这些建筑本土化的目的，若从心理层面来看，是建筑建造的主持者（多为传教士），希冀从改变建筑形式的角度，使西方宗教文化能够被当地的普通民众所接受。

学界认为，来自西方的教会建筑是最早出现于江苏地区的具有近代意义的建筑类型，对近代江苏地区的建筑和城市的近现代转型产生了重要的影响。

其次，包括民族资本家在内的社会精英对江苏地区中西合璧式样建筑的大量出现与广泛传播，起到了十分重要的推动作用，中西合璧式样建筑的建造在当时成为一种主流。总而言之，近代时期的社会精英是江苏外来建筑式样的接受者和传播者，亦是江苏外来建筑式样本土化的实施者和传播者。

如江苏无锡的“杨氏”“薛氏”“周氏”“荣氏”“唐蔡”等六大民族资本家，早期建造的新式厂房，均是中西合璧式样建筑。从“杨氏”家族最早建造的业勤纱厂（1895年），到同期和随后建造的永泰丝厂（1896年）、裕昌丝厂（1904年）、源康缫丝厂（1909年），包括“荣氏”西门外太保墩的茂新面粉厂的前身——保兴面粉厂（1900年，为无锡首个机制面粉厂），不一而足。

除新式工厂采用中西合璧式样建筑形式外，江苏地区还有许多商号、商会与公所建筑，学校建筑，医院建筑，公益建筑，以及私邸，甚至祠堂，都有采用中西合璧式样建筑形式的案例。至近代中期，江苏中西合璧式样建筑达到了极盛，几乎覆盖了当时所有门类的建筑。

（1）商号。

中西合璧式样的商号建筑，如位于无锡北大街的老牌商号——时和布绸呢绒店（1867年始建，1925年翻建，现不存），该建筑为三层，共3个开间。入口立面主要采用了仿西方古典建筑风格的4条装饰性壁柱和顶部装饰性山花（图29）。

又如，位于苏州西中市的四海春面馆，该建筑同样为三层，3个开间。入口立面的处理方式与无锡时和布绸呢绒店相同，不同的是，该商号建筑的主入口设在两条街的转角处，且其立面带有一定的弧度（图30）。再如，位于镇江中山东路的唐老一正斋膏药店（清康熙初年始建，1922年重修），该建筑为前店后坊的平面型制，两层，入口为1开间。采用了仿西方古典建筑风格的2条装饰性壁柱和顶部装饰性山花的处理方式（图31）。

图29 无锡时和布绸呢绒店（图片来源：《无锡旧影》）

图30 苏州原四海春面馆旧址（现陆振兴）

图31 镇江唐老一正斋膏药店

以上商号建筑案例入口立面的处理方式，是当时中西合璧式样建筑形式中的重要一支，在坊间被称为“洋门脸”。中西合璧式样商号建筑的立面处理方式，可以归纳为“一间两柱式”“一间四柱式”和“三间四柱式”三种类型。其中装饰性壁柱是其最为突出的特征，作为立面设计中的一个垂直划分要素，控制着整个立面基本的构图关系。这种装饰性壁柱加顶部山花的组合处理的方式，从立面的造型形式来看，源自西方古典建筑，其本质上就是山墙作为主立面。

前文提及，在近代早期建造的教会建筑，尤其是教堂建筑的建造时采用山墙面作为主立面的方式，是后来江苏近代建筑、包括商号在内的新建建筑选择山墙面作为主立面的形式渊源。从不同建筑类型将山墙面作为主立面的发展过程可以看到，这一方式的运用已不限于商号和公益建筑（如救熄会即消防局），而广泛适用于入口立面开间数量不多的建筑，以创造具有标志性的立面视觉效果并形成视觉中心。当然，在江苏近代中期出现的装饰艺术风格建筑和后期出现的现代主义建筑中，亦有许多把类似手法运用到主立面的设计案例。

可以看到，山墙面作为主立面的处理方式，历经了从近代早期的被动接受，到近代中期的主动接受，甚至是主动选择的过程。在一定程度上，可以认为，山墙面作为主立面的方式已成为江苏近代建筑中的中西合璧式样建筑外观处理的重要形式法则。

（2）商会与公所。

中西合璧式样的商会与公所建筑，如位于无锡汉昌路的无锡县商会旧址。作为商会的办公场所，该建筑群体为典型的中西合璧式样建筑，由南北两栋、5开间的两层楼房组成。采用了砖木结构和清水砖墙，外墙以青砖砌筑为主，辅以红砖作为水平线条装饰。其中南楼的入口极具特色，设有较为繁复的仿西式柱式（图17）。

又如位于常州青山湾的临清木业公所，由两个天井空间为构图中心、东西两组两层楼拼接组合，东西两楼外观若“中西混搭”，其中西楼采用了回字形转楼（俗称“跑马廊”和“转盘楼”）的布局形式（图14）。该建筑设有东西两个主入口。其西入口采用了石库门的形式，西立面共有5个开间，外墙面为清水砖。而东入口则采用了传统门楼的式样，其外墙面和该公所南北两个立面均为传统的粉墙抹灰。

再如无锡北塘区（现梁溪区）江尖的纸业公所（建于1922年），该建筑为3开间的两层楼房，共有3进，为传统住宅院落式布局（图32）。整体为砖木结构，主立面（沿河立面）外墙面为清水砖砌筑，仿西式建筑风格，并有纵向立柱与横向线脚等西方古典建筑元素装饰，其余立面均为传统的粉墙抹灰，同上述常州临清木业公所的立面处理类似。

这种所有立面仅选择一两个立面（主立面）采用仿西式建筑风格的处理手

图32 无锡纸业公所

图33 无锡窑业公所

法，并非个案，在其他公所建筑中亦有，如采用传统住宅院落式布局、位于无锡南门外大窑路的窑业公所（建于1910年）（图33）。

这些公所均为独立建筑（群），四面均直接面对街面和巷道，但4个立面都采用“中西混搭”、仅选择主立面采用仿西式建筑风格的设计现象，值得深入研究。当然，商人普遍的趋利思维，实用功利的选择是一种解释。

（3）私邸和住宅。

由于“西风东渐”思潮的持续，近代江苏地区中西合璧式样的居住建筑成为了主体，亦是近代江苏外来建筑式样本土化的范例。从对待来自西方的建筑形式和观念的角度来看，早期仅注重模仿和迁移西式建筑元素，后期注重吸收和运用。从中西文化融合程度的角度来看，早期中西文化的交融程度较为浅显，后期中西文化实现互融互通。从建筑空间和形式以及造型等设计特征的角度来看，早期仍然采用传统院落布局，后期则采用集约型平面布局和自由式平面布局。其中，集约型平面布局对应于石库门里弄式建筑群体，自由式平面布局对应于花园洋房式别墅。

如位于无锡崇安区（现梁溪区）学前街的薛福成故居。该建筑采用了传统院落式布局方式和传统式样的外观，仅在局部体现了西方建筑的元素（图9）。又如位于无锡崇安区（现梁溪区）健康里的荣德生旧居（建于1919年）（图34）和位于无锡崇安区（现梁溪区）新生路的缪公馆（图15），两者均为花园洋房式别墅，采用了自由式平面布局方式，外观均有较多的西式装饰元素。再如，位于苏州西百花巷的吴振声宅（建于20世纪30年代，具体年份不详），采用了自由式平面布局方式，建筑外观为中西建筑元素的混合（图35）。而位于苏州城南的天香小筑（建于1933年），为宅园式居住建筑（图36），其群体布局仍采用传统院落组

图34 无锡荣德生旧居

图35 苏州吴振声宅

图36 苏州天香小筑

图37 镇江箴庐

合的方式，但其单体建筑的柱式、栏杆等建筑构件的形式仍仿西式建筑，并运用了彩色玻璃和水泥等当时的新型建材。这些设计案例，都是江苏地区近代后期中西合璧式样居住建筑的典型代表。

再如，位于镇江健康路的箴庐（建于民国期间，具体年份不详），三开间，为仿西式别墅建筑（图37）。位于镇江黄墟镇幸福巷的冷遹故居（建于1917年），两层楼房，有硬山顶马头山墙，而门窗则采用了仿西方式样（图38）。位于镇江伯先路的屠家骅公寓（建于1927年），四开间，中间为四层，两侧为三层。外墙为青砖叠砌，并设有壁柱和阳台等（图39）。上述案例，是近代中后期江苏地区中西合璧式样居住建筑的典型代表。

另外，近代时期江苏的苏州、无锡、镇江、南通等城市，亦出现了一批中西合璧式样的、新兴的里弄式居住建筑，以缓和城市人口剧增而带来的居住矛盾。在镇江的城西，就先后建造了吉庆里、馀福里、吉瑞里、寿康里、吉安里、瑞芝里、中华里等里弄式建筑。在苏州，志仁里、信孚里、承德里、同德里、同益里、崇安里、救国里等里弄式建筑亦被先后建造。无锡在大型纺织企业较为集中的地区，如周山浜、东门长庆路、北门丽新路等处，亦建造了一批

图38 镇江冷遹故居

图39 镇江屠家骅公寓

图40 镇江中华里

里弄式建筑，以解决企业工人和管理人员的就近居住问题。如位于镇江上河边的中华里（建于1936年），由多个户型单元组合的三栋主体建筑组成，并设有底层商铺（图40）。该建筑群是江苏地区近代后期中西合璧式样的新兴里弄式居住建筑的典型代表。

（4）祠堂。

专门提及祠堂，是因为祠堂作为中国传统文化中的固有形式，在近代以前已有较为成熟的包括建筑形式在内的建筑型制。然而进入近代，在江苏地区亦出现了部分中西合璧式样的祠堂。这个设计现象十分罕见，从中能够看到社会审美变革的巨大推力。与近代早期西方传教士在江苏地区采用本土化方式而形成中西合璧式样教堂的路径不同，中西合璧式样的祠堂，平面布局仍然采用传统空间布局形式，外观则采用仿西式建筑的式样。当然在具体的案例中，亦有融入西方新的平面布局形式的。同时，这种设计现象在公所、私邸和住宅亦存在。如位于无锡惠山下河塘的杨藕芳祠（建于1912年）（图41）和位于无锡荣巷的复庐（即荣鄂生家祠，建于20世纪初期，具体年份不详）（图42）等。

（5）其他类型建筑。

上述商号、商会与公所、私邸和住宅、祠堂，这些在近代以前就有的建筑

图41 无锡杨藕芳祠

图42 无锡复庐

类型，以及包括建筑形式在内的较为成熟的建筑型制，因东西文化的碰撞而采用了中西建筑文化融合的中西合璧式样建筑形式。相对而言，学校建筑、医院建筑、公益建筑等，这些来自西方的建筑功能类型，带有一定的“西方色彩”是“与生俱来”的事，可谓不足为奇。然而，这些功能类型建筑，有许多亦采用中西合璧式样建筑形式，这些建筑是解析近代江苏外来式样建筑本土化路径和规律的重要案例。

对近代江苏地区采用中西合璧式样建筑形式的学校建筑、医院建筑、公益建筑等新型功能类型建筑，在此不再一一阐述，仅简要举例说明。如学校和医院建筑，有苏州东吴大学旧址的林堂、精正楼等建筑群（始建于1901年）（图43、图44），苏州美术专科学校（建于1932年）（图45），苏州博习医院门诊楼（图21），镇江妇孺医院（建于1914年）（图46）等。其中公益建筑，有位于无锡崇安寺的无锡县图书馆（建于1912年）（图47），位于镇江伯先公园内的五卅演讲厅（图10）等。

图43 苏州东吴大学旧址林堂

图44 苏州东吴大学旧址精正楼

图45 苏州美术专科学校

图46 镇江妇孺医院

图47 无锡县图书馆

从历时性的角度来看，近代江苏地区中西合璧式样建筑，在社会精英的推动下，带动了社会审美的变革，从最初的中西合璧式样的产业建筑出现，到中西合璧式样的公共建筑，直至中西合璧式样居住建筑的蔚然成风。

从设计和建造特征的角度来看，近代江苏地区中西合璧式样建筑，主要通过建筑的空间、造型、建造方式等物质形态特征表现出来。

从中西建筑文化交融的轨迹来看，近代江苏地区中西合璧式样建筑，由最初“中为主、西为辅”的对接，再到“中为衣，西为心”的临界状态，直至“中西难辨、相融相汇”的完美结合。

3. 建筑技术和材料的迭代

首先是新的建筑结构形式出现，导致与新的建筑结构对应的新的功能空间出现，并最终呈现在建筑形象上。

进入近代之前，江苏地区建筑多为传统建筑式样，且体系成熟，特色鲜明。当然，在共性特征明显的基础上，各地传统建筑的型制又略有差别。导致这种差别存在的原因，主要是传统建造多就地取材，且各地有着不同的建造习俗，即所谓“五里不同音，十里不同俗”。这亦是农耕社会手工业生产方式的主要特征。

传统式样的建筑，在江苏地区主要对应于木结构为主导的建筑结构体系和建造方式，砖主要作为填充材料（分隔材料）。近代以前，砖并不作为建筑结构的承重材料，且作为填充材料时，亦不直接裸露，表面多采用抹灰并刷白色石灰水处理。一般的建筑物，很少采用清水砖墙。究其缘故，可能有二：一是，农耕时期生产力较为低下，同时亦比较注重旧材料的循环使用，利用不同规格的旧砖，或者就地取材，结合使用一些山石（主要是碎黄石）；二是，清水砖的加工要求高，且比较昂贵（城墙砖是清水砖。在重要建筑中用的“金砖”，亦是清水砖）。传统式样的建筑，大抵一到两层。规模大时，主要通过院落（或者天井）组织不同的单体而成。除楼和阁外，鲜见多层建筑。另外，传统式样的建筑具有低技术的生态特点，可以实现自然通风和采光，并与自然共生。

进入近代后，江苏地区的建筑开始运用砖墙（柱）承重的砖木混合结构，以及可以创造较大室内空间的木桁架结构形式。至近代中后期，开始运用钢筋混凝土结构，甚至钢框架结构等新颖结构形式。这些新型结构方式的应用，主要对应于近代初步工业化的需求。近代以来，各种要素开始向城市集中，城市的人口开始剧增，土地的使用需要集约化，新建的建筑有向垂直方向（多层和高层）发展的实际需求。这些新型结构方式是实现建筑向垂直方向（多层和高层）发展的重要技术支持。另外，由于电和室内照明的应用，运用这些新型结构方式相比采用木结构的传统式样建筑，可以获得更大且更加完整的单层室内空间，以及更好的室内物理环境（尤其在室内空间的密闭性方面）。

如前所述，这些新型结构方式的应用时序，先是在工业建筑中运用，然后是公共建筑，最终是运用在居住建筑中（当然居住建筑因体量较小，多使用砖木混合结构）。其与近代中西合璧建筑式样在不同类型建筑的应用时序大抵一致。

另外，这些新型结构方式在近代江苏建筑的具体实施中，亦有着不同的探索和实践。同时，亦促成早期现代主义建筑在近代江苏的实现，以及现代主义风格建筑作为近代江苏外来式样建筑本土化的重要前提。

其次是新的建筑材料的运用。随着近代工业发展水平的提高，本土制造能力的提升，以及西方新颖建筑材料的传入，与传统式样建筑有较大差别的新颖建筑材料开始在新建的建筑中运用。这些新颖建筑材料，主要有水泥、玻璃（包括彩色玻璃）、花砖、马赛克、洋松（花旗松木）、防水材料等，当然还有新式的构造方式。

随着新的建筑技术和材料在新建建筑中大量运用和逐渐成熟，建筑技术和材料产生了迭代。旧的建筑技术和材料，逐步被淘汰。或者使用的频率亦不高了。更为重要的是，在近代中后期，建筑的建造方式开始逐步进入工业化和标准化。旧的建筑技术和材料被摒弃，新的建筑技术和材料被推崇，尤其在形式服从功能的现代主义建筑思想影响下，建筑形式的变革亦成为必然。

江苏近代外来建筑式样的本土化，是一个较为复杂的系统，涉及建筑理念、建筑功能、建筑形式、建筑技术和材料，以及营造方式等多个方面。同时，近代江苏外来建筑式样本土化的产生、发展和演变路径，并非单线延伸，而是多线交叉发展的状态。在近代江苏不同的时期，其表现方式是不同的。毋庸置疑，在江苏近代建筑中，无论是中西合璧式样建筑，还是早期的现代主义建筑，都直接或者间接地传续了江苏地区乃至中华民族悠久的传统建筑文化和建筑文脉。

（四）江苏近代建筑的"源"和"流"及其谱系特点

江苏近代时期的建筑式样，主要有三种，分别是传统式样建筑、中西合璧式样建筑和早期现代主义式样建筑。其中，中西合璧式样建筑和早期现代主义式样建筑，均为外来建筑式样。

早期现代主义式样建筑，起步较晚且存在的时间不长，中西合璧式样建筑则为大宗。从出现和存续的时间来看，中西合璧式样建筑从近代初期直至晚期，跨越了整个近代时期。从涉及建筑的功能类型来看，中西合璧式样建筑从最初的工业建筑，到公共建筑，再到居住建筑，几乎覆盖了近代时期江苏地区所有的建筑类型。故学界普遍认为，中西合璧式样建筑的出现，对近代江苏地区的建筑和城市走向近现代的转型产生了重要的影响。

笔者研究团队对包括中西合璧式样建筑在内的、数百栋典型的江苏近代建筑，进行了现场测绘，并结合相关文献资料，对有关建筑进行了考证，形成了一批江苏近代建筑的测绘资料。由大量建筑测绘图纸与各城市相关建筑比较，发现了建筑数据（尺度）和建筑文化存在着明显的关联，尤其是采用同类建筑材料在江苏不同城市同时期建造的近代建筑仍保留有地域性，或者说在具有共性特征的前提下存在着一定的差异。随着江苏各城市间相关近代建筑比较工作的展开，研究团队对江苏近代建筑的形式谱系做出了初步的解释。

整体而言，笔者研究团队认为，近代江苏外来建筑式样本土化，尤其是沪宁铁路沿线的苏州、无锡、常州、镇江等中小城市，受地缘（邻近上海、南京）影响，因地域相近，且城市彼此相连，这些不同城市间的外来建筑式样本土化，在形式选择上，存在着区域性特征明确，且整体性强的设计现象，同时亦存在着谱系关系。

1. 江苏近代建筑的“源”和“流”

首先，江苏近代建筑的“源”是什么？

江苏近代建筑的“源”由相关建筑式样作为初始源，江苏近代时期的建成建筑作为二次传播源（还包括20世纪30年代在世界各国风行的现代主义建筑思潮），两种传播源叠加并渐进而成，总体来看，亦不是一个简单的线性过程。其中初始源，包括“中”和“西”两个类型。“中”的建筑式样类型，主要是指江苏各地传统建筑的固有式样，即农耕时期的建筑式样。而“西”的建筑式样类型，主要为殖民主义式样建筑、教会（堂）建筑和上海租界中的建筑式样。除殖民主义式样建筑外，其他建筑式样均来自西方。这些来自西方的建筑式样，主要指统称为“西方古典主义”的建筑式样。为什么是“统称”？因为除去古希腊建筑、古罗马建筑、意大利文艺复兴建筑等经典建筑式样外，还包括在西方古代、近代各地各时段所产生的“变异体”。从其建筑风格来看，有希腊式、罗马式、拜占庭式、哥特式、巴洛克式、洛可可式等建筑式样。不一而足。其中，立面柱式和山花是其主要的外观设计特征。

初始源中的“西”的建筑式样类型，以民族资本家等当时社会精英作为主要接受者，持续整个近代时期。当然，江苏早期的教会（堂）建筑是由西方传教士直接组织营建的，是“五口通商”后西方文化的直接入侵。

二次传播源中的建筑式样类型，主要是江苏各地由社会精英建造的中西合璧式样建筑的建成建筑。两种传播，基本上属于“自下而上”的方式。

其次，江苏近代建筑的“流”是什么？

沪宁铁路沿线的苏州、无锡、常州、镇江等江南腹地城市，自农耕时期以来，一直被喻为“鱼米之乡”。在进入近代以来，这些城市因民族工商业发祥、近代开埠、民国省府、早期工业化等特殊历史背景，其近代建筑尤其中西合璧式样建筑是江苏传统建筑文化与西式外来建筑文化之间博弈的结果，并形成了江苏近代建筑的“流”，具有了不同的面貌和多元性。当然，这种不同面貌和多元性，是以存在一定的相互承接和影响关联为基本前提的。关于这个问题，在后文“江苏近代建筑的谱系特点”部分会做出解释。

前文提及，近代江苏中西合璧式样建筑作为近代江苏外来建筑式样的重要组成部分，总体而论，其本土化方式，若从近代江苏中西合璧建筑整体形式“结构”的角度，可以总结为“体”与“用”和“图”与“底”两种关系。其中“体”与“用”关系，主要呈现在建筑空间生成和布局与建筑整体外观形式方面；“图”与“底”关系，主要呈现在建筑立面构图和处理方式与建筑局部装饰细节处理方面。若从形式类型的角度，则可以为内中外西式、内西外中式、中西融合式三种不同的类型。

然而，在具体的近代江苏中西合璧式样建筑中，“中”“西”所占比重或多或少，不尽一致，同时，“中”“西”间结合的原因亦各不相同。

具体而言，结合江苏近代时期社会群体心理的变化历程，假如从不同社会群体对建筑式样选择的心理角度来看，江苏近代建筑的“流”，大抵可以分为四个类别。

第一类“流”的建筑表现是，建筑式样对传统建筑文化元素的刻意表达。主要的建筑案例为江苏地区近代时期建造的教会（堂）建筑。其在建筑结构、室内装饰、立面造型等建筑物质层面存在着对各地传统建筑的传承和延续，或者说有十分明显的本土化现象。从西方传教士群体心理视角来说，一部分来自现实环境的被迫选择，一部分则来自传教目的的主动选择。

第二类“流”的建筑表现是，建筑式样对西式建筑文化元素的盲目堆砌。这种类别的建筑案例较多且持续时间较长，并覆盖近代时期江苏所有功能类型的建筑，主要为西方人士兴建的西式建筑和本土社会群体营建的仿西式建筑。其多是对美国新教教会、租界和通商场所建筑的盲目模仿，将多种不同风格的西式建筑文化元素拼贴杂糅于同一个建筑中。在设计上，属于典型的“拼贴主义”手法。另外，前者是后者建筑形式选择的影响源。

第三类“流”的建筑表现是，建筑式样对西式建筑文化元素的选择运用。这种类别的建筑主要体现了本土社会群体对传统建筑文化元素的积极传承，选择性地运用西方建筑的建造理念和方法，主要表现在功能布局和技术与材料方面，以及较少量地、恰当地采用西式古典建筑的装饰元素。这种类别的建筑案例，主要集中在市政公共建筑、科教文卫建筑等类型中，其建筑外观具有趋向简约的传统建筑式样的特点，整体上体现了民族主义精神的回归和传统文化精神的自觉。

第四类“流”的建筑表现是，建筑式样对中式、西式两种建筑文化的深度融合。这种类别的建筑主要体现了部分本土社会人士自觉地将民族文化融合西方建筑材料和技术元素，达成和实现了既满足时下生活所需，又令民族文化得以发扬的双赢局面，达到了建筑的“中”“西”共融。其前提是在对中、西文化均有相当认知和理解后，合理选择中、西建筑文化元素进行结合、重组，以求互通融合的物质形态表达，体现了更高层次的文化自觉。

从以上对江苏近代建筑四个类别的“流”的简要分析来看，可以认为，江苏传统式样建筑仍为江苏近代建筑的底色，本土社会群体对待和运用西式建筑文化元素是递进式的，是一个从低阶到高阶，从盲目简单运用到合理选择运用的过程。

2. 江苏近代建筑的谱系特点

前面谈到，江苏近代建筑在形式选择上，具有区域性特征明确，且整体性强的设计现象，存在着一定的谱系关系。

笔者研究团队认为，江苏各城市近代建筑之间的谱系关系，并非清晰地指向来自外部（西方）单一的建筑文化源，而是通过各个城市于近代不同的初始刺激激发后引起的，结合各自城市传统建造文化底色且不同于传统社会建设的近代具有转折性意义的建筑营造发展历程。

江苏近代建筑的谱系关系具有如下基本特点：

近代江苏城市中，南京作为政治中心，在沪宁铁路线的另一端被誉为“近代远东第一城”的上海作为经济中心，这两座在江南地区较早步入现代化转型的城市，是直接或间接影响周边各城市近代营建活动的源头。这种影响的方式是以源头城市为中心点向外进行圈状辐射。苏州、无锡、常州、镇江等江苏中小城市因进入现代化转型进程较晚，营建近代建筑数量较少，且规模较小，更为重要的是城市经济、政治地位较低，城市近代建筑营建活动无力满足其向外辐射，并产生深远影响。故上述江苏中小城市主要是接受重点城市的辐射影响。这些城市受辐射影响后，根据各自近代城市发展导向性主流群体作用的不同侧重，以及城市间地缘性关联的亲疏，形成由重点城市圈状辐射范围内，彼此串联的近似和差异谱系发展格局。

上海和南京作为直接或间接影响周边江苏各城市近代营建活动的方式和结果如下：

首先，上海对江苏其他城市的影响方式和结果表现为，上海对于各市是“非约束性”近似及差异谱系关系。

上海对地区周边城市的影响肇始和程度，根据各城市自身近代社会底色各异，城市中导向性主流群体与上海城市导向性主流群体关系的紧密或疏远，以及上海向周边城市进行辐射影响的传播介质群体是否与导向性主流群体身份背景一致而决定，整体上是非约束性的影响特点。其中，苏州“西风”传播介质群体受上海直接影响；无锡、常州“西风”传播介质群体受上海间接影响；镇江“西风”传播介质群体前期受上海直接影响。

其次，南京对江苏其他城市的影响方式和结果表现为，南京对于各市是“约束性”近似谱系关系。

江苏其他城市近代建筑营建活动受南京近代建筑营建活动影响与上海的不同点在于，时间节点和被影响建筑物质形态的统一性、时间节点均是待南京成为国民政府“首都”、拟定《首都计划》后，建筑物质形态亦具有一定的统一性，主要是体现了一种民族意识的觉醒和回归，以及近代社会群体对中国古典建筑文化元素的认知和理解（汇集于建筑屋顶形式的处理方面，即“大屋顶”的运用）。其中，镇江营建中有一定的“约束性”近似谱系；苏州、无锡、常州“约束性”近似谱系影响几近停滞。

总体而言，江苏近代建筑谱系关系的基本特点可以概括为如下两点：

其一，苏州、无锡、常州、南通、镇江等城市近代建筑形式选择亦受制于来源上海的商业本位思想和南京的政治意识，上海向外辐射影响早、持续时间长，与地区城市间形成了自愿、自由的多样性近似和差异谱系关系。而南京自1927年后进行政治文化辐射影响和干预，对江南地区形成了被动约束的统一性近似谱系关系。

其二，苏州、无锡、常州、南通的近代建筑形式遵循城市地缘性文化底色，彼此串联，镇江则多与向外辐射影响城市关联紧密，形成上海、南京辐射影响范围内彼此串联的“带状共同体”谱系结构。

（五）江苏近代建筑式样图谱

以下是苏州、无锡、常州、镇江、南通五市，在近代时期建造的127栋中西合璧式样建筑的图谱。

1. 案例建筑遴选的依据

本图谱中案例建筑的遴选依据主要有以下4点。

其一，均是近代时期建造的新建筑或者在近代时期重修的建筑。

其二，均是研究团队十余年来现场调研和测绘的遗存建筑（尽管部分建筑目前已消失）。

其三，建筑的主体仍较为完整（尽管许多建筑因年代久远，产权和使用功能已发生了一定的变化，但笔者研究团队在考证的基础上，绘图时尽量恢复原状）。

其四，尽可能覆盖上述五个城市中以中西合璧式样面貌出现的不同建筑类型。

当然，五个城市的案例数量以及不同功能类型建筑的案例数量并不平衡。如涉及居住功能的建筑案例数量较多，其他功能类型的建筑数量普遍较少，这个现象亦进一步印证了上文所提及的这些江苏中小城市仅是接受重点城市辐射影响的对象的观点。又如，常州的案例数量少，主要是在近代时期修建或者复建的。选入这部分建筑的原因有：首先，常州近代建造的中西合璧式样建筑总量较少，存世的更少；其次，在近代时期修建或者复建的建筑，有一定近代建筑的建造特征，在建筑装饰或者建筑材料和技术上均有一定的体现，将这部分建筑选入，具有一定的合理性。

另外，这些案例建筑图谱，均不采用实景照片，而是以平面图（首层平面）、立面图、剖立面图、剖面图等测绘图的形式呈现。

为何不用实景照片，而用测绘图纸？主要考虑是，案例建筑建造的年代久远，存续期间许多建筑已多次转变功能，且部分建筑外观较为杂乱，甚至已有部分发生改变（当然所选案例建筑总体上保存得不错）。为了避免以讹传讹（前提是依据相关历史文献的考证），更好地“还原”其本来面貌，使“图谱”能够更加纯粹，故采用测绘图的形式。同时，测绘图原则上不使用剖面图，但个别案例建筑，因体量较大，尤其有多个进深或者多重院落，为使阅读者能够较为清楚地了解其空间组合关系，便选用了剖立面图、剖面图。

2. 具体案例建筑名录

五个城市中，苏州遴选了东吴大学林堂、东吴大学体育馆、东吴大学精正楼、苏州景海女子师范学校校舍（崇远楼）、苏州景海女子师范学校礼堂（敬贤堂）、苏州博习医院门诊楼、圣约翰堂、乐群社会堂、杨家桥天主堂、侵华日军宪兵司令部、日本领事馆、关税务司署办公楼、交通部苏州电话电报局、鸿生火柴厂办公楼、西中市临街建筑、苏州美术专科学校、春在楼、渔庄、天香小筑、荫庐、石皮弄住宅、吴振声宅、吴县直街、信孚里、救国里，共25例。

无锡遴选了无锡县图书馆、无锡县商会、纸业公所、鼎昌丝厂、北仓门蚕丝仓库、海宁救熄会、坎宫救熄会、无锡天主教堂、无锡佛教居士林、杨藕芳祠、复庐、敦厚堂、澄澜堂、茹经堂、缪公馆、陈大明宅、薛汇东宅、云薖园裘学楼、景宣楼、宗敬别墅1、宗敬别墅2、张闻天旧居、颐安别业、杨氏宗祠、潜庐，共25例。

常州遴选了青果巷（东下塘）杨氏家庭戏楼，青果巷陈宅，青果巷筠星堂，雪洞巷14号吕氏宗祠，青果巷25号民居，青果巷赵宅，青果巷46号民居，青果巷61号民居，青果巷银楼，南河沿15号民居，南河沿30号民居，魏村书场，孟河巢渭芳故居，孟城北街30、31号民居，孟河益泰酱园，孟河客栈，杨桥丁家塘丁宅10号，共17例。

镇江遴选了英国领事馆建筑群、英租界工部局、税务司公馆、清军水师标统署、镇江铁路工务分段、老邮局、江苏省会测候所、江苏省长途电话交换所、美孚火油公司、金山饭店、新旅社、唐老一正斋膏药店、镇江商会、五卅演讲厅、绍宗藏书楼、江苏省立镇江图书馆、崇实女中、崇德小学、蒋怀仁诊所、妇孺医院、基督医院、世界红十字会镇江分会、毕尔素医院、福音堂、益民二场蚕室、镇江海关宿舍、赛珍珠故居、屠家骅公寓、大康新村、吉庆里，共30例。

南通遴选了通州女子师范学校门楼、益群堆栈、大达内河轮船公司、三新池澡堂、周家禄公馆、张謇办公处、启秀别业、大生纱厂专家楼、大生纱厂公事厅、司竹舟故居、林溪精舍、博物苑南馆、濠阳小筑、城南别业、西山村庐状元楼、赵绘沈绣之楼、南通图书馆旧楼、南通农科大学旧校舍、博物苑中馆、濠南别业、大生纱厂钟楼、唐闸红楼、顾雅言大院、南通纺织学校图书馆、西南营54号、冯旗杆巷18号、冯旗杆巷23号、西南营31–34号、西南营76号、小巷7–9号，共30例。

上述建筑应该说具有一定的代表性和典型性，基本上反映了近代江苏地区中小城市建筑的整体面貌。

作为测绘数据（定量研究的组成内容），这些测绘图（案例建筑的平面图、立面图、剖立面图、剖面图等），一方面展示了笔者研究团队多年来部分田野调查的成果和采用定性与定量结合研究方法的作为；另一方面，亦成为另一种研究的实证，并充分体现设计学研究“图文共证”的研究方法，是为“图说”。

（文中图片除注明外，均为项目研究团队自摄）

苏州

东吴大学林堂
东吴大学体育馆
东吴大学精正楼
苏州景海女子师范学校校舍（崇远楼）
苏州景海女子师范学校礼堂（敬贤堂）
苏州博习医院门诊楼
圣约翰堂
乐群社会堂
杨家桥天主堂
侵华日军宪兵司令部
日本领事馆
关税务司署办公楼
交通部苏州电话电报局
鸿生火柴厂办公楼
西中市临街建筑
苏州美术专科学校
春在楼
渔庄
天香小筑
荫庐
石皮弄住宅
吴振声宅
吴县直街
信孚里
救国里

东吴大学林堂

建于1901—1903年

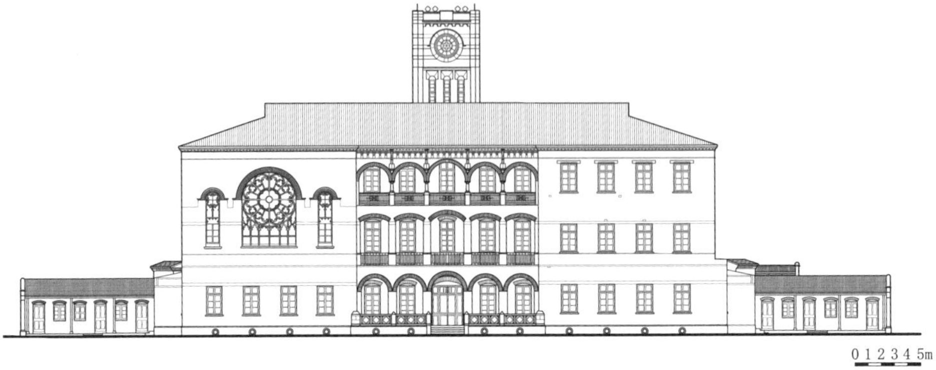

南立面图

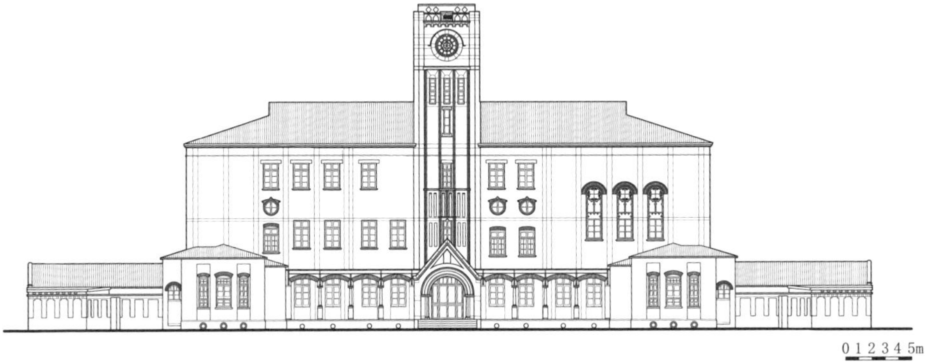

北立面图

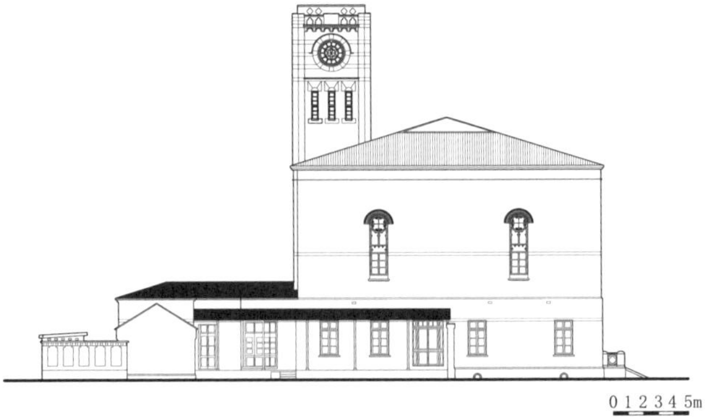

西立面图

东吴大学体育馆

建于1934—1937年

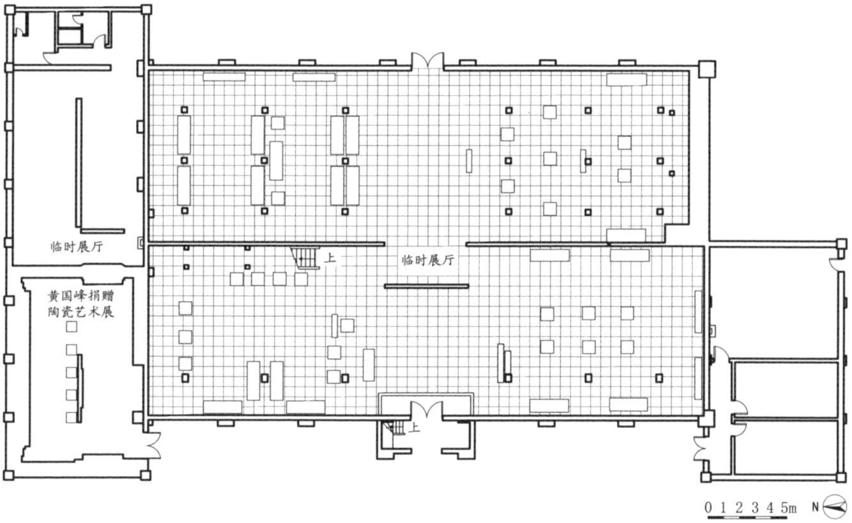

一层平面图

北立面图

西立面图

东吴大学精正楼

建于1908—1912年

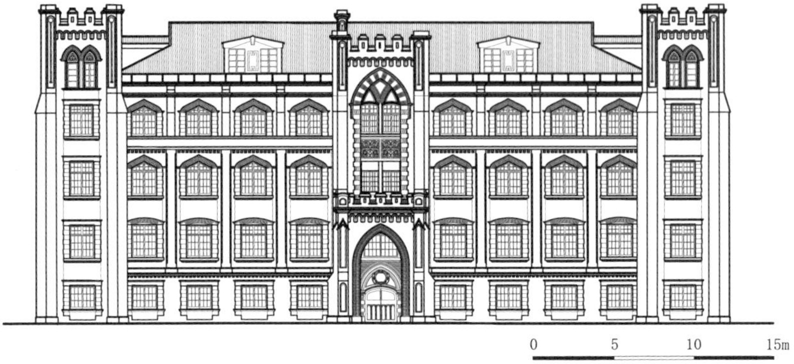

东立面图

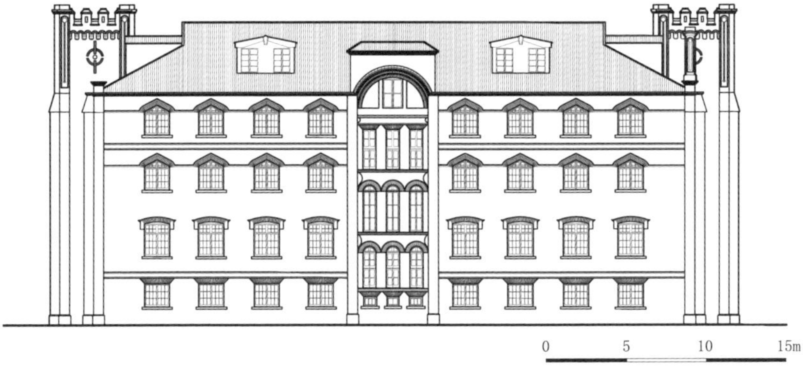

西立面图

南立面图　　北立面图

苏州景海女子师范学校校舍（崇远楼）

约建于1936年

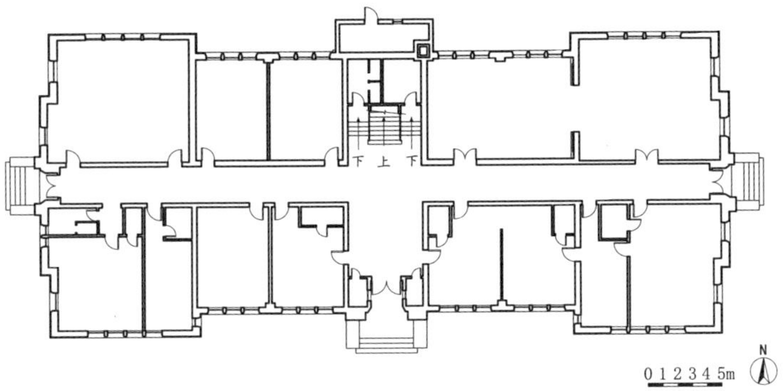

一层平面图

东立面图

南立面图

苏州景海女子师范学校礼堂（敬贤堂）

约建于1936年

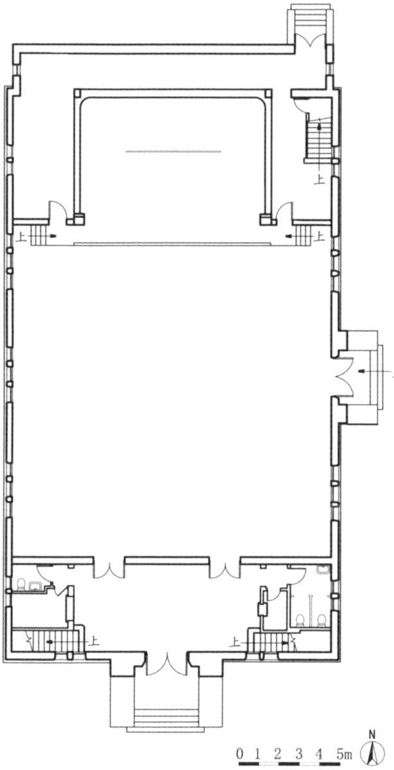

一层平面图

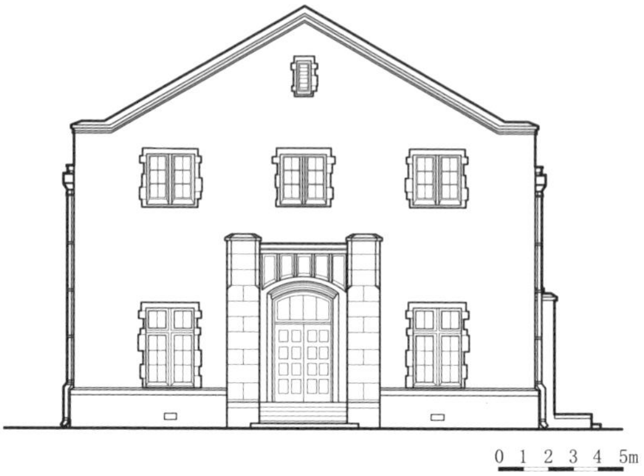

南立面图

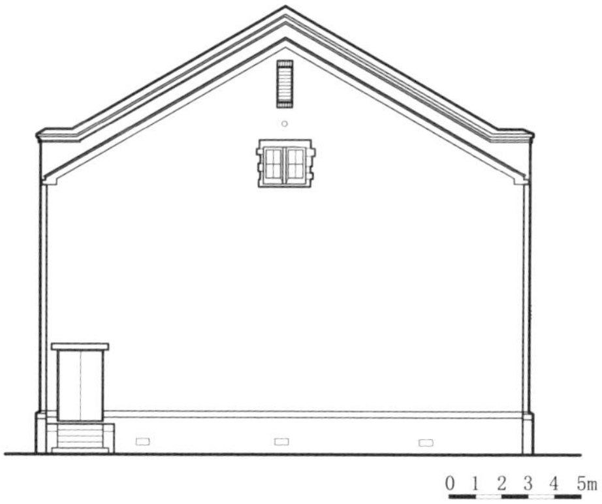

北立面图

东立面图

苏州博习医院门诊楼

建于1920—1922年

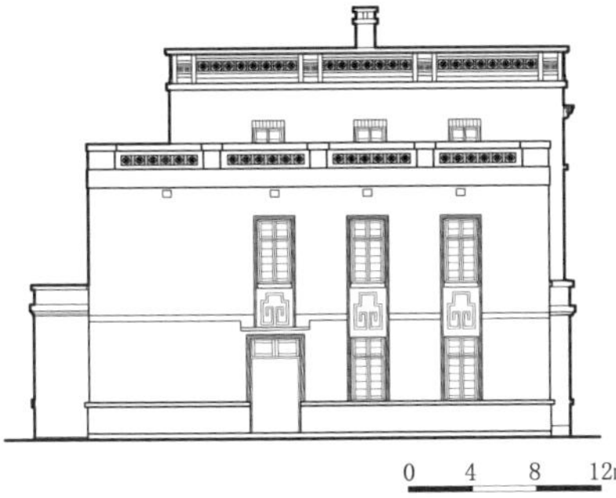

西立面图

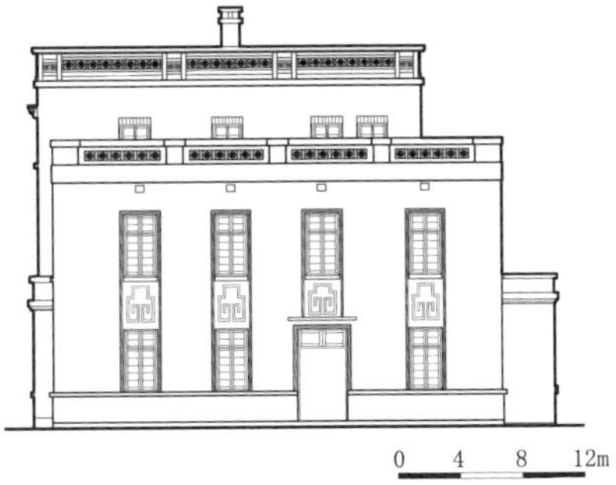

东立面图

南立面图

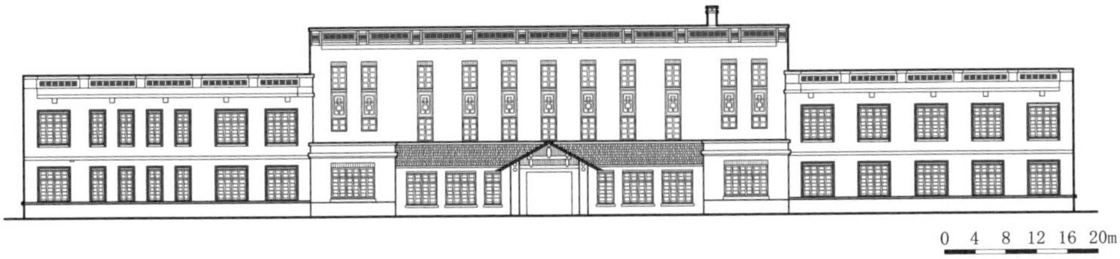

北立面图

圣约翰堂

始建于1881年

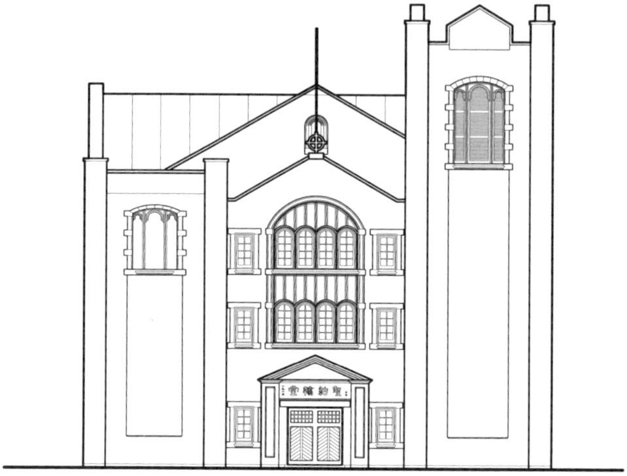

西立面图

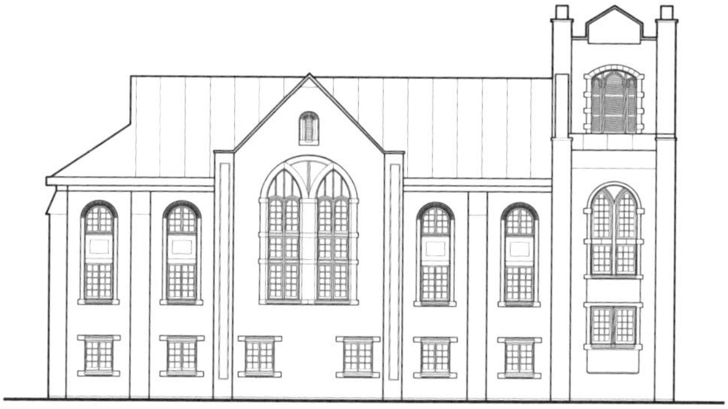

北立面图

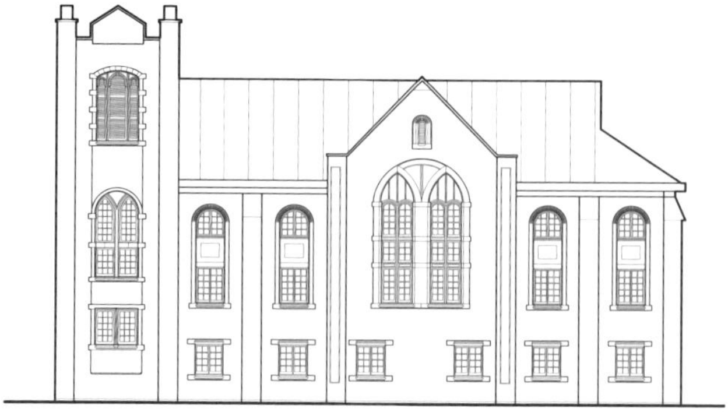

南立面图

乐群社会堂

始建于清朝光绪年间，扩建于民国时期

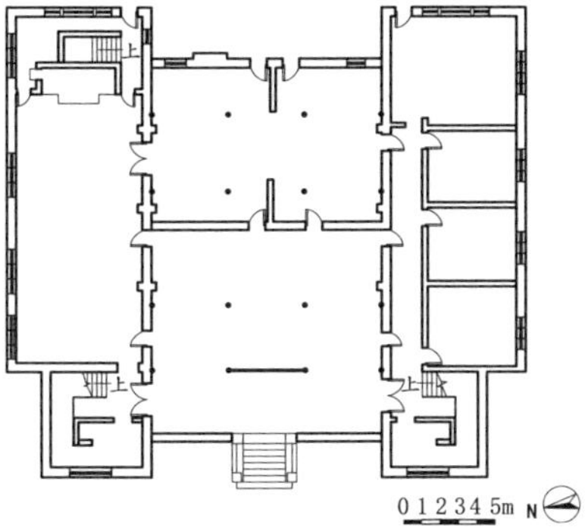

一层平面图

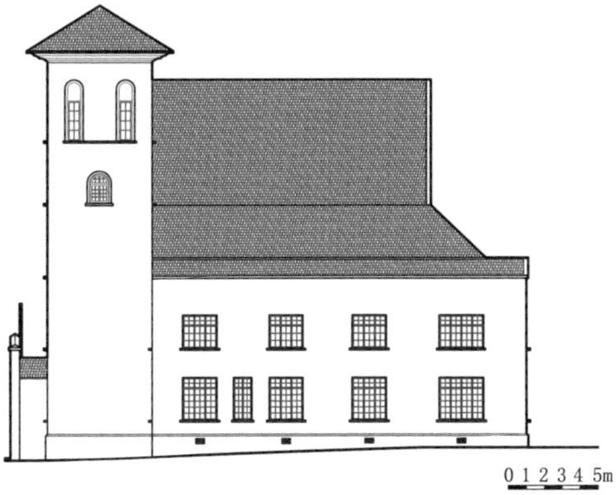

南立面图

西立面图

东立面图

杨家桥天主堂

始建于19世纪90年代

东立面图

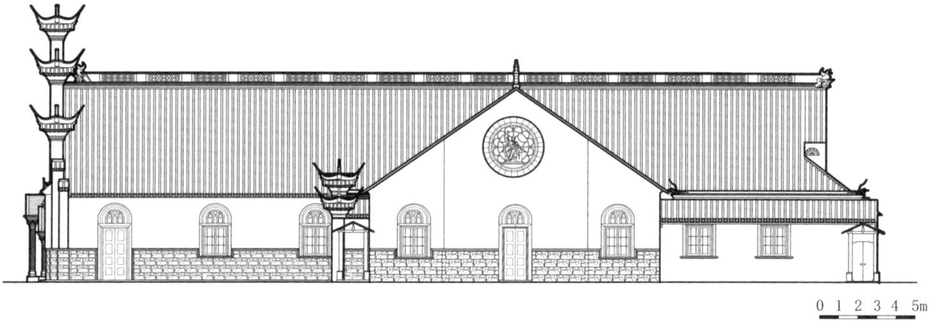

北立面图

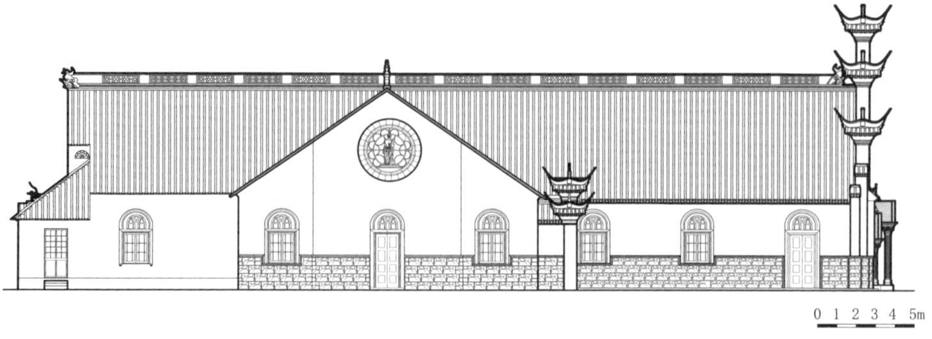

南立面图

侵华日军宪兵司令部

建于1937年

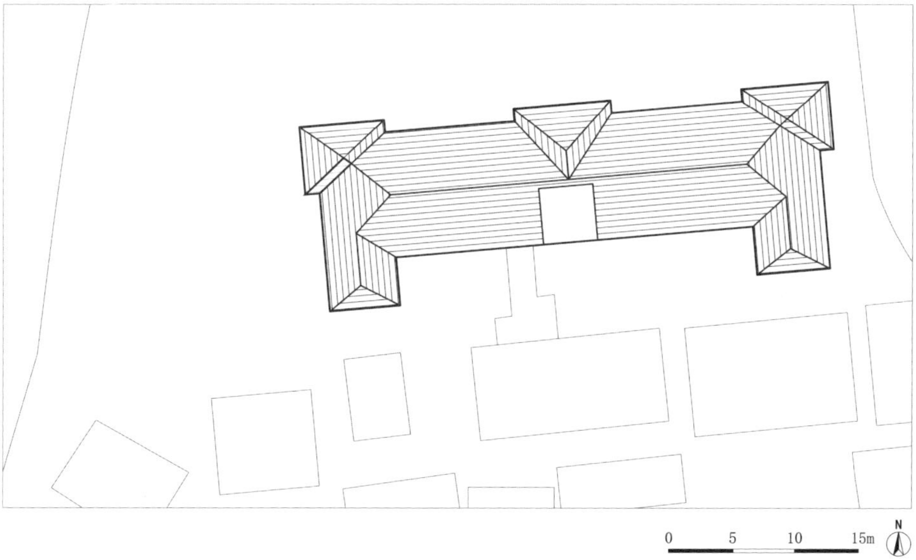

总平面图

东立面图

西立面图

北立面图

日本领事馆

建于1925年

东立面图

西立面图

南立面图

北立面图

关税务司署办公楼

建于1896年

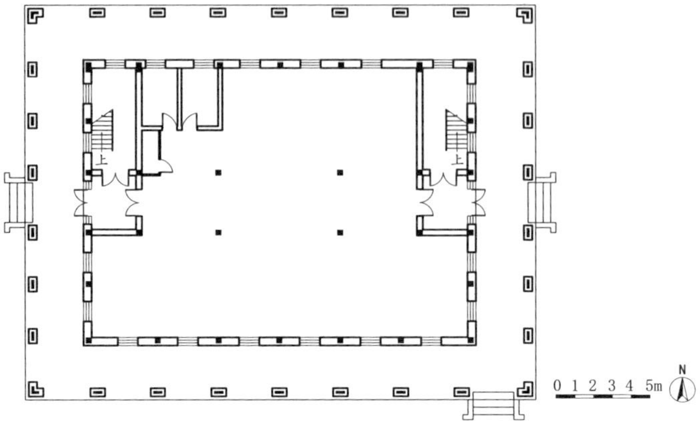

一层平面图

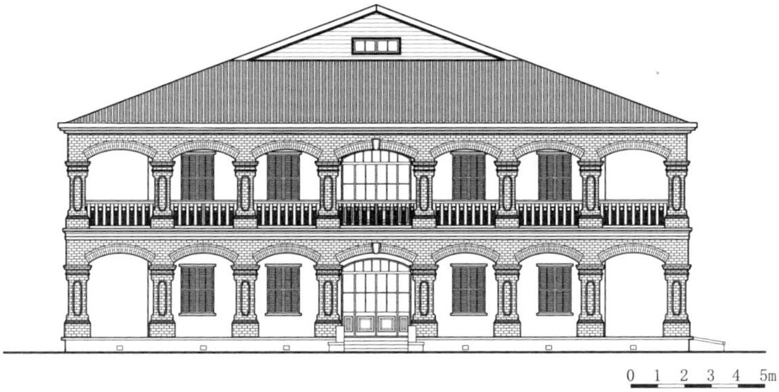

西立面图

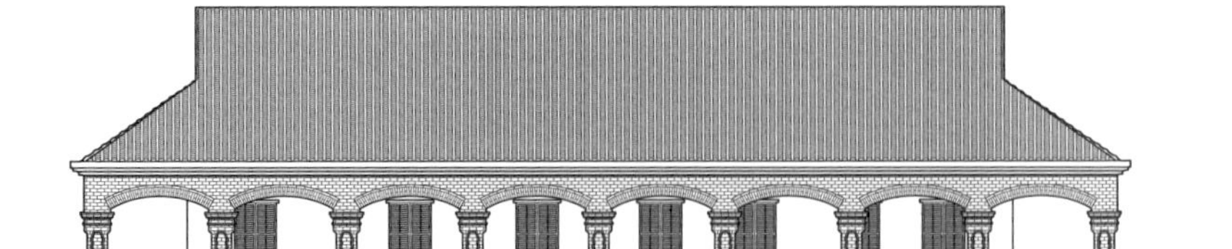

北立面图

交通部苏州电话电报局

建于1903年

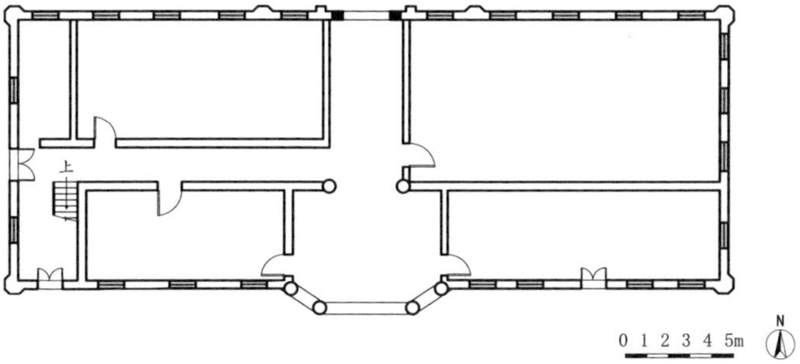

一层平面图

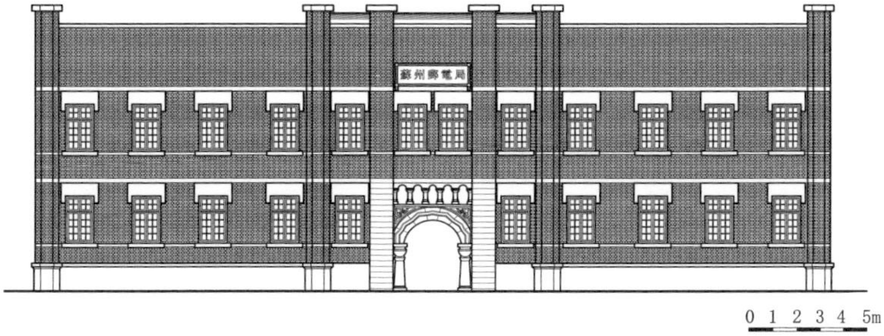

北立面图

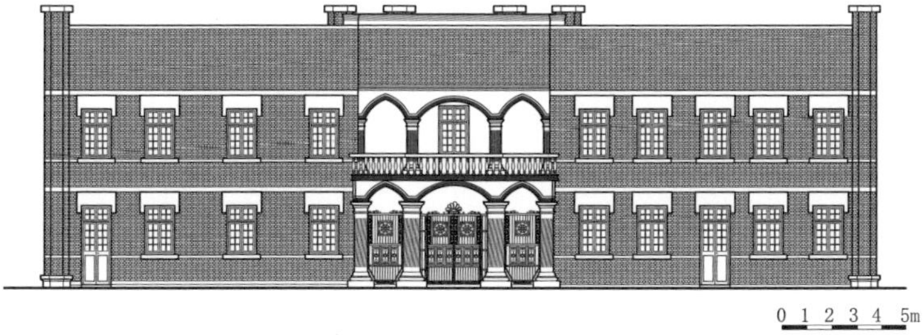

南立面图

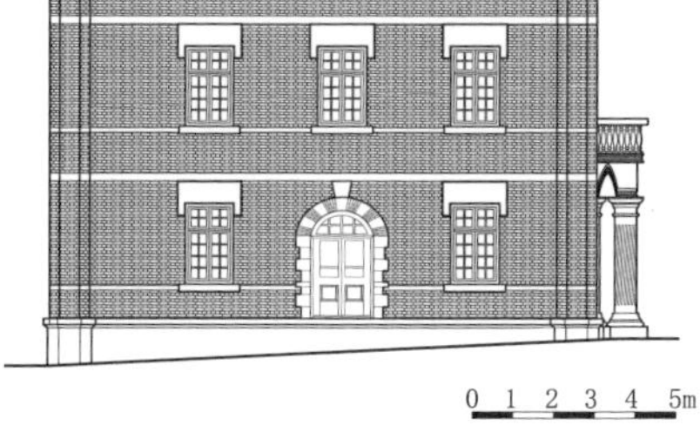

西立面图

鸿生火柴厂办公楼

建于1920年

总平面

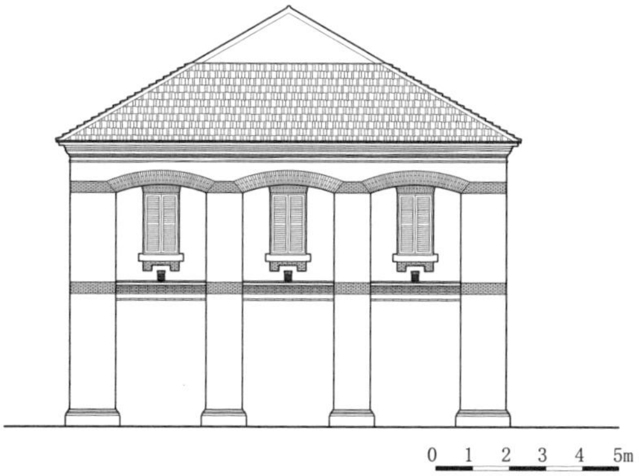

南立面图

西立面图

西中市临街建筑

建于民国时期

立面图

立面图

立面图

苏州美术专科学校

建于1932年

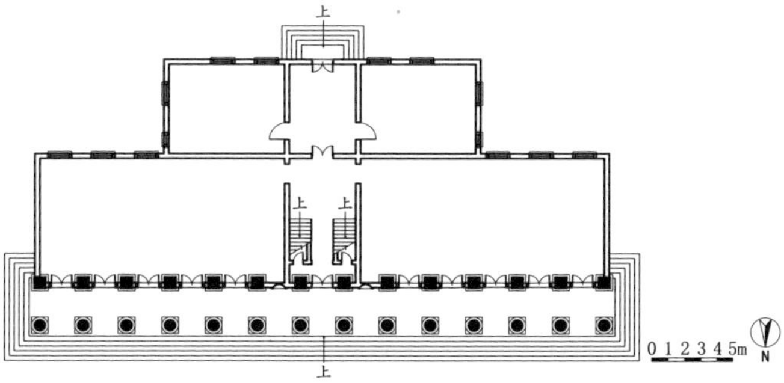

一层平面图

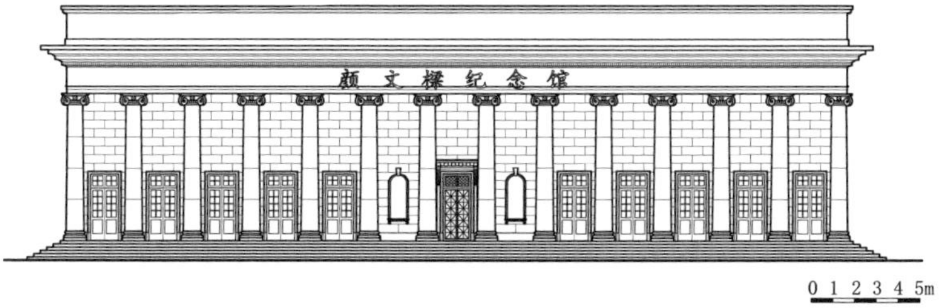

北立面图

南立面图

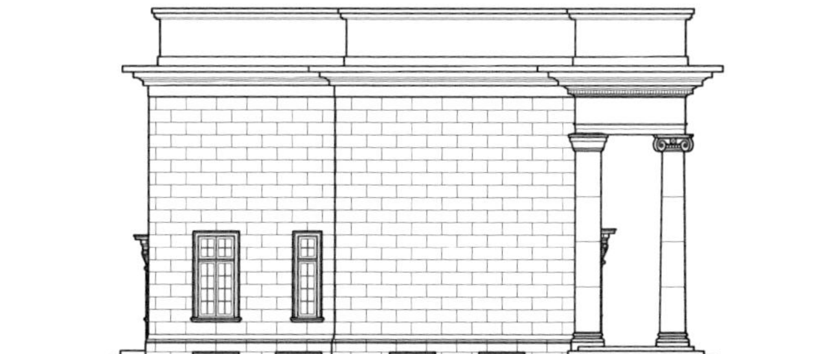

东立面图

春在楼

建于1922年

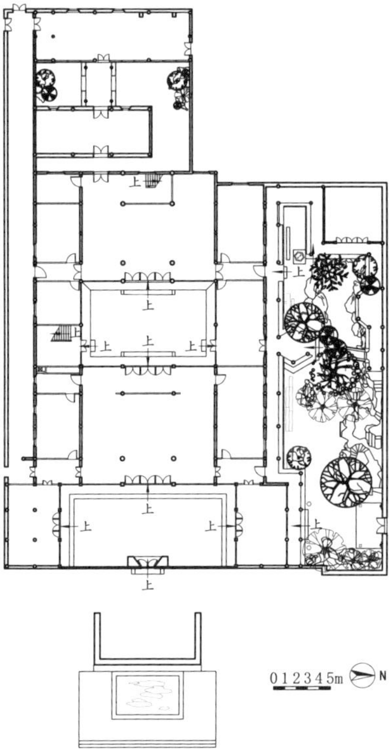

一层平面图

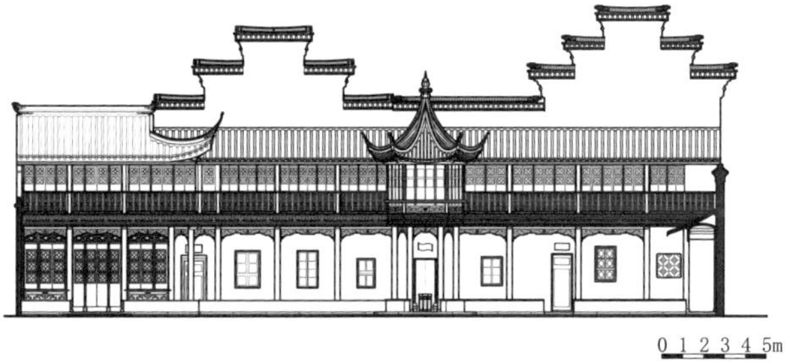

北立面图

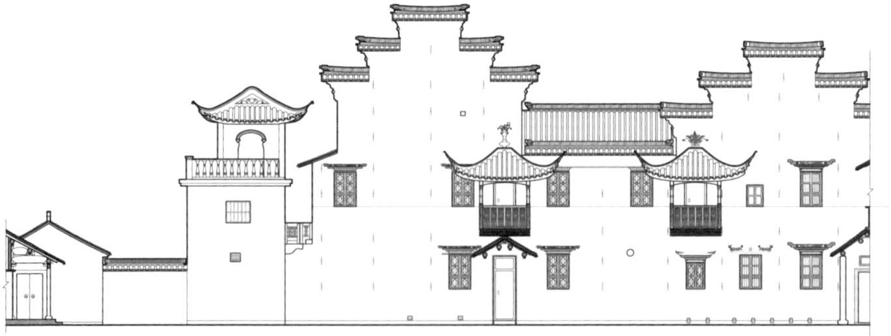

南立面图

渔庄

建于1932—1934年

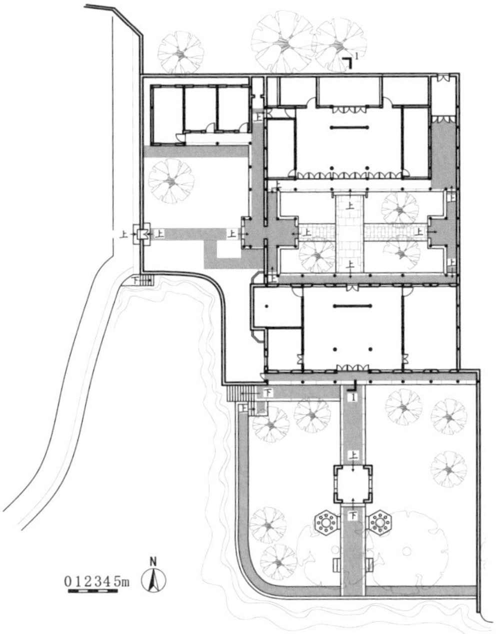

一层平面图

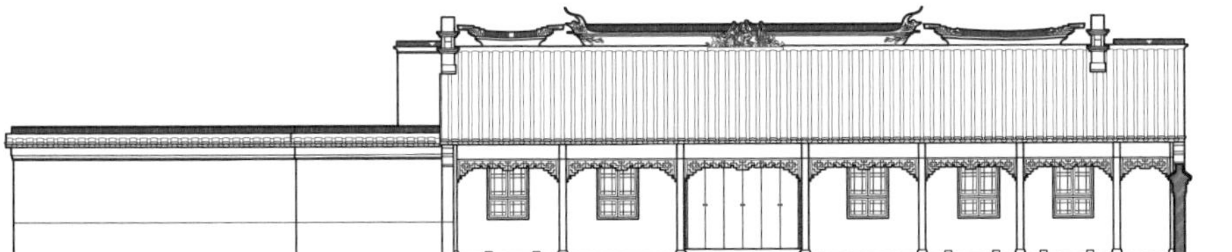

南立面图

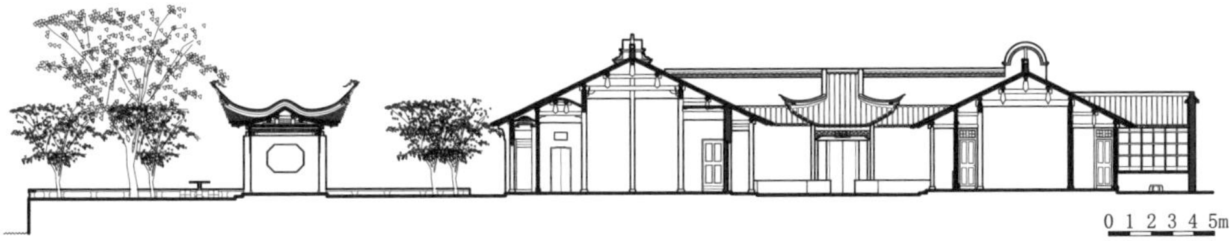

1-1剖面图

天香小筑

建于1933年

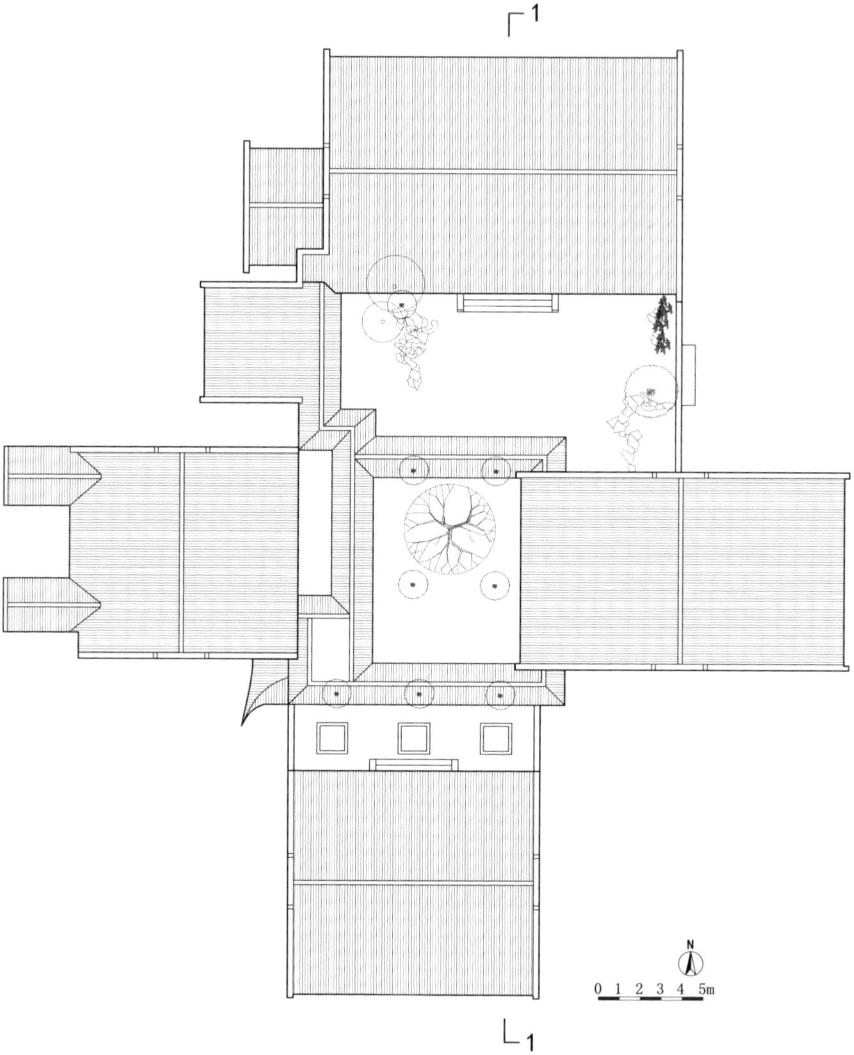

总平面

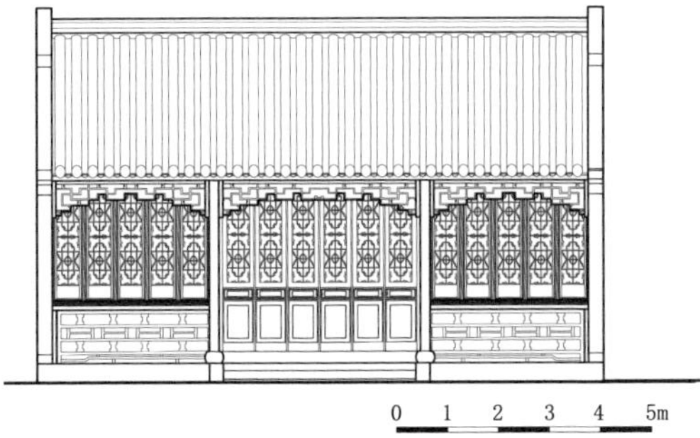

北立面图

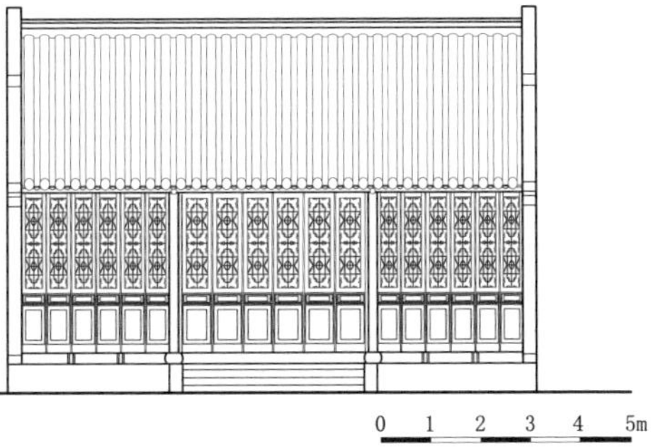

南立面图

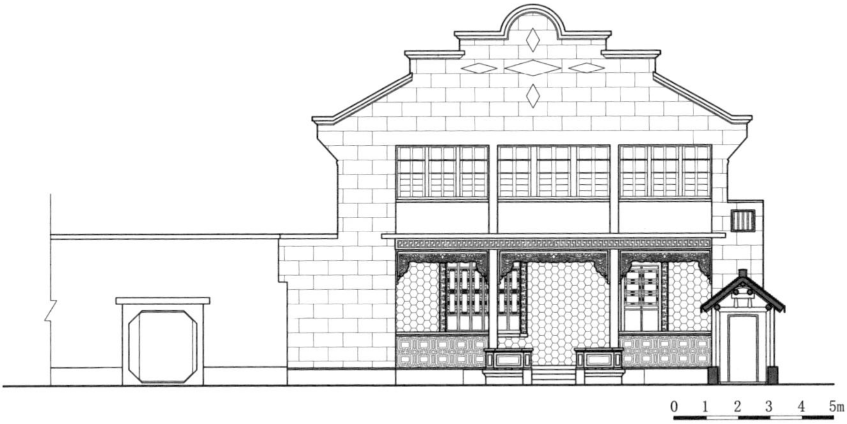

东立面图

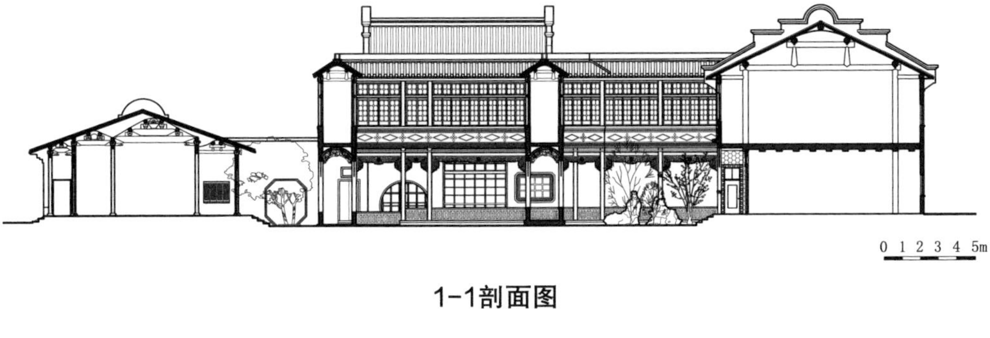

1-1剖面图

荫庐

建于1934年

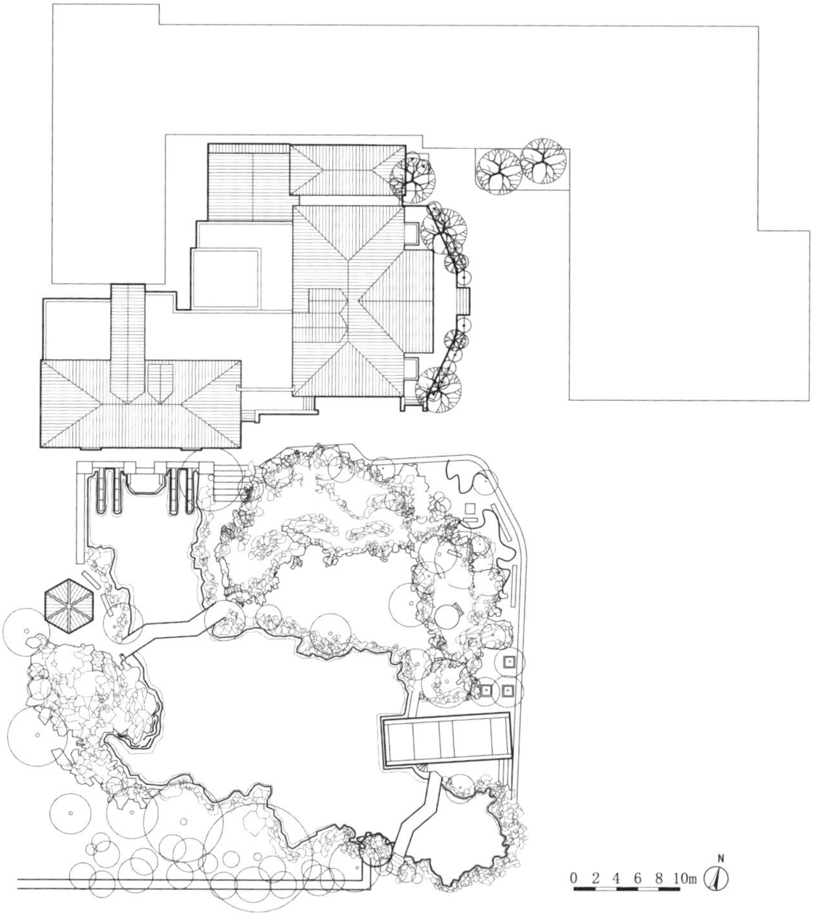

总平面

东立面图

南立面图

石皮弄住宅

建于民国

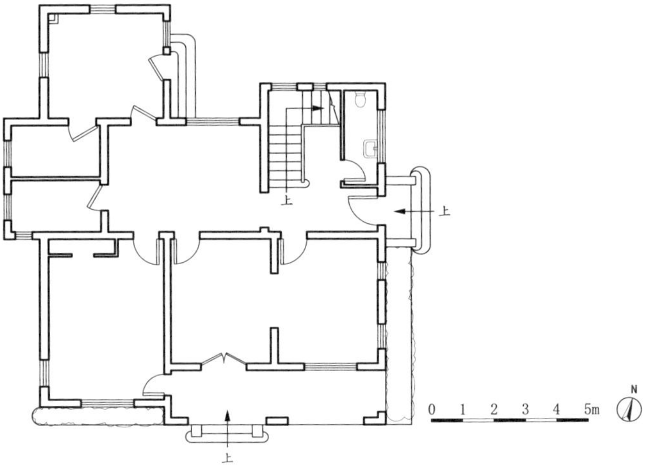

一层平面图

南立面图

北立面图

东立面图

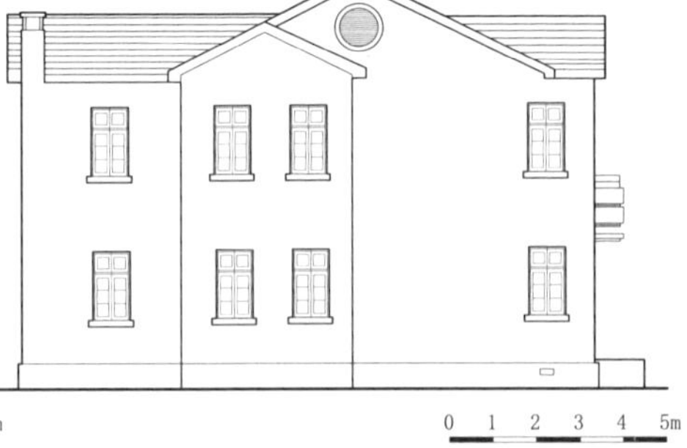

西立面图

吴振声宅

建于20世纪30年代

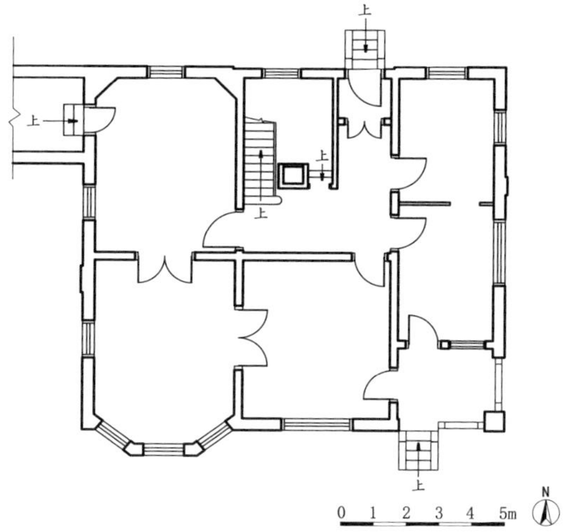

一层平面图

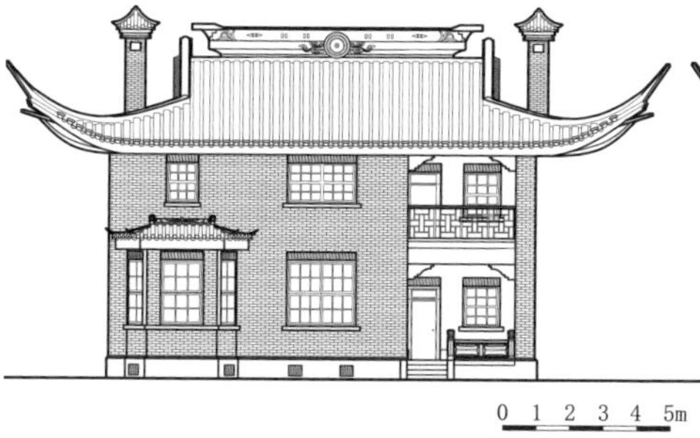

南立面图

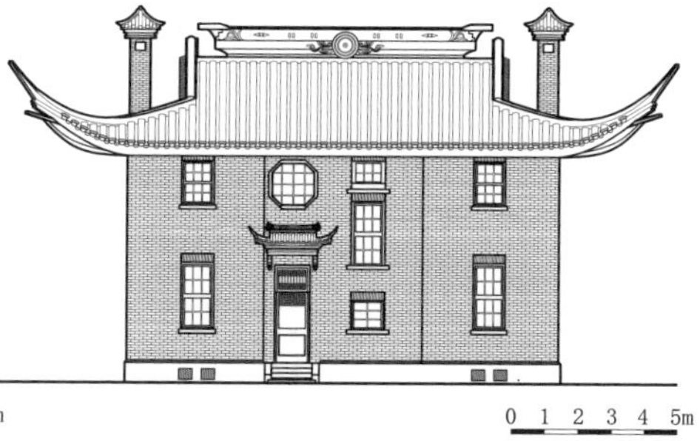

北立面图

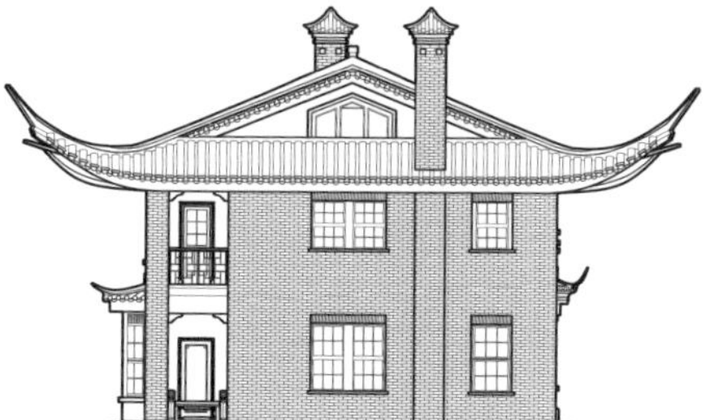

东立面图

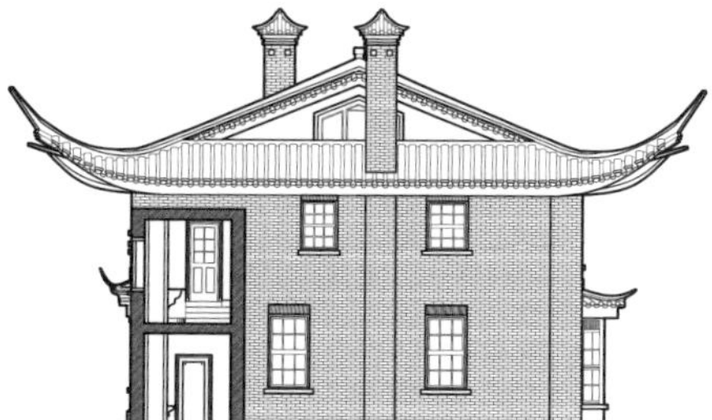

西立面图

吴县直街

建于民国

主体建筑立面图

临街建筑立面图

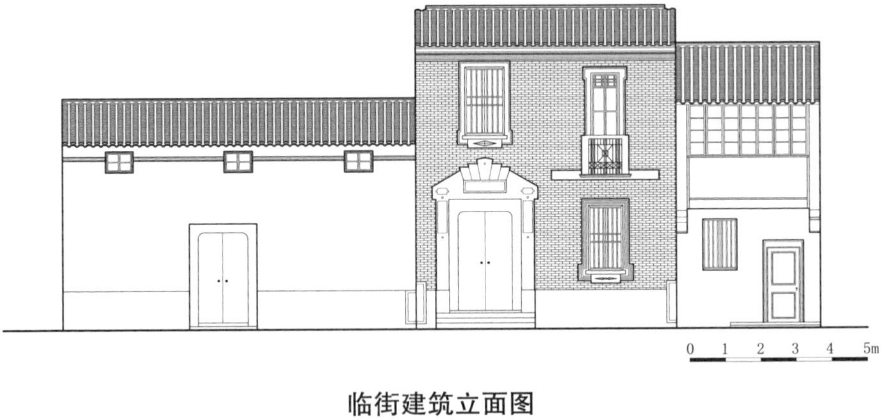

临街建筑立面图

信孚里

建于1933年

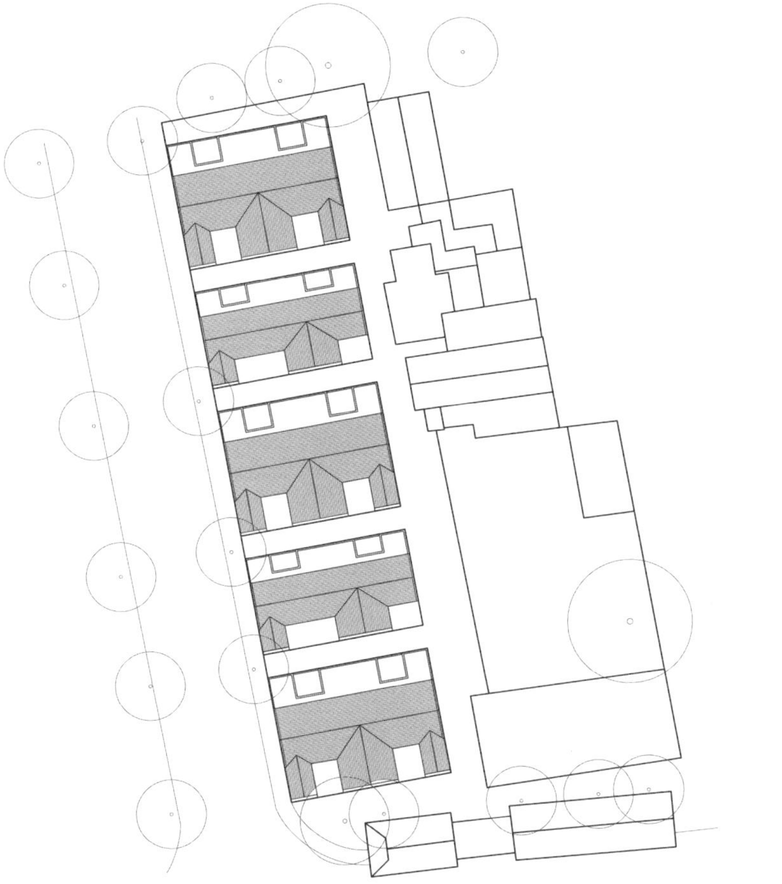

总平面图

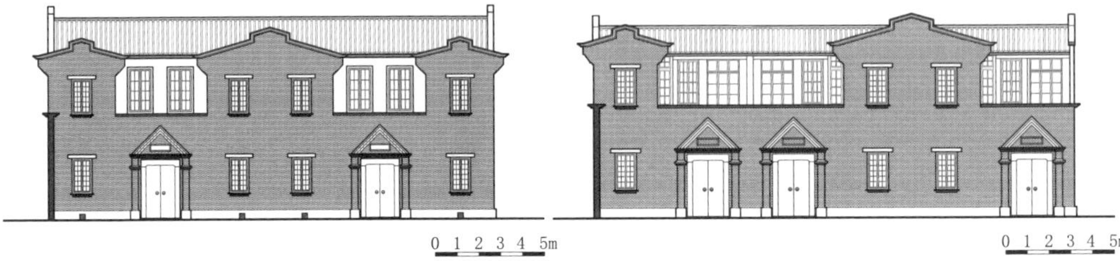

南立面图

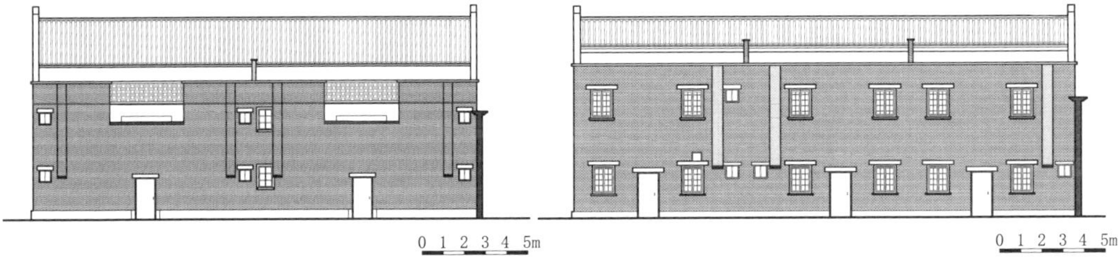

北立面图

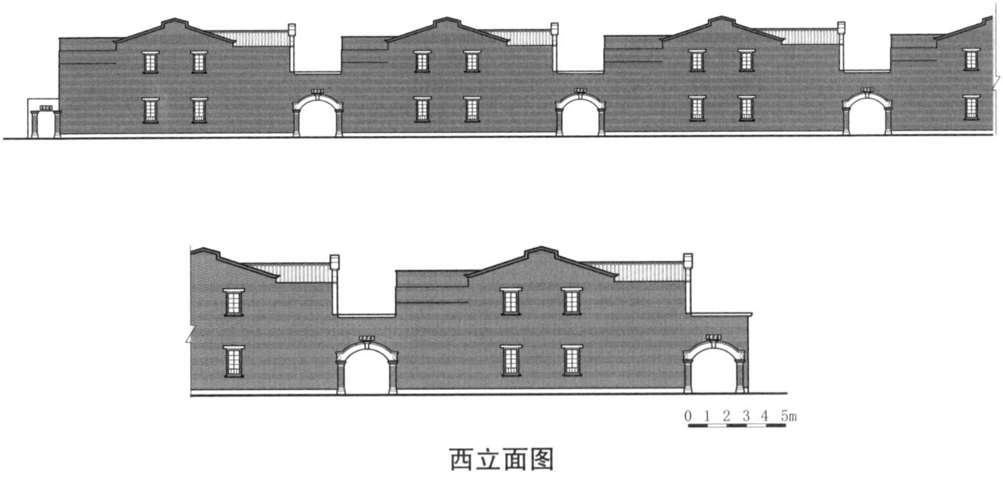

西立面图

救国里

建于20世纪30年代初

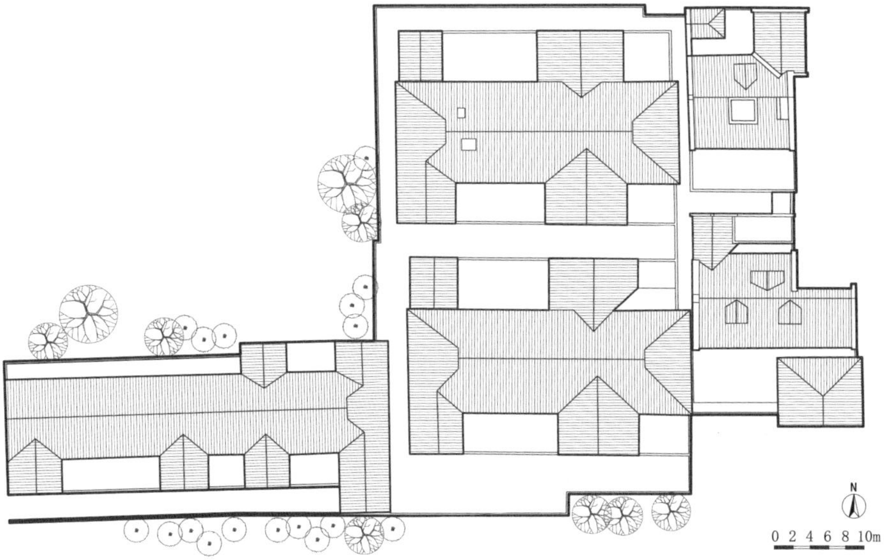

总平面图

南立面图

北立面图

西立面图

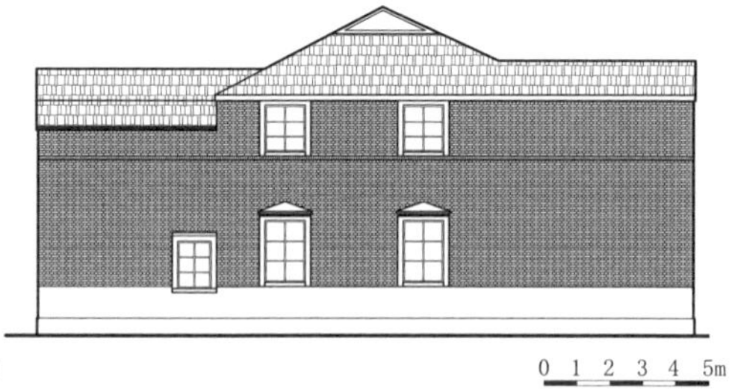

东立面图

无锡

无锡县图书馆
无锡县商会
纸业公所
鼎昌丝厂
北仓门蚕丝仓库
海宁救熄会
坎宫救熄会
无锡天主教堂
无锡佛教居士林
杨藕芳祠
复庐
敦厚堂
澄澜堂
茹经堂
缪公馆
陈大明宅
薛汇东宅
云薖园裘学楼
景宣楼
宗敬别墅1
宗敬别墅2
张闻天旧居
颐安别业
杨氏宗祠
潜庐

无锡县图书馆

建于1912年

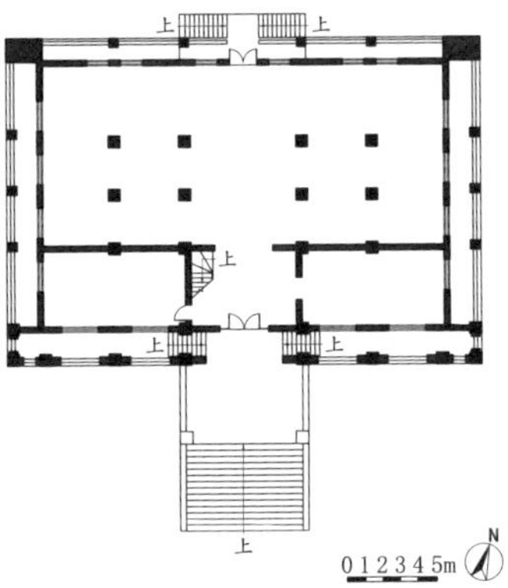

一层平面图

南立面图

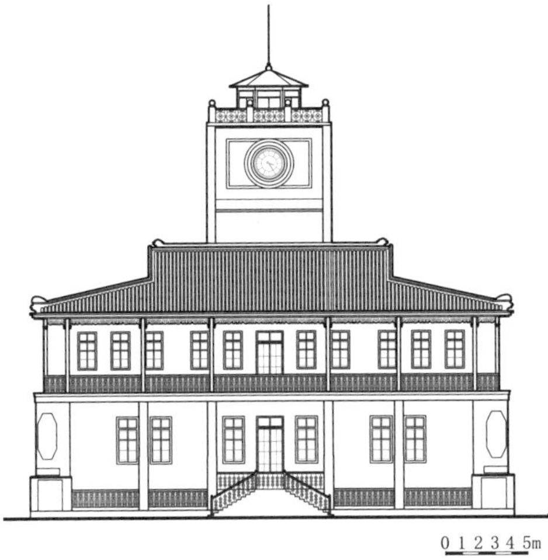

北立面图

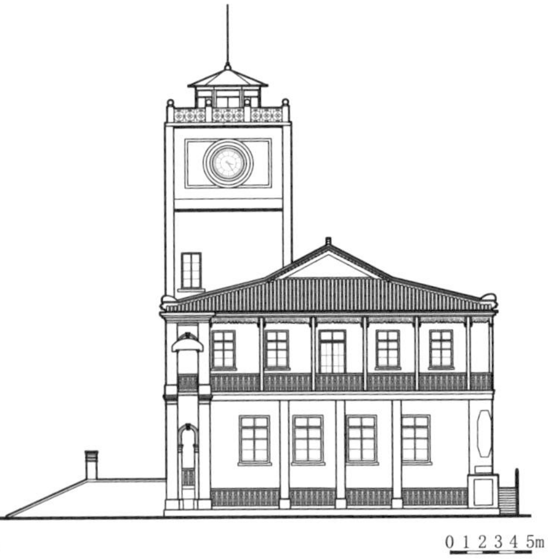

东立面图

无锡县商会

建于1915年

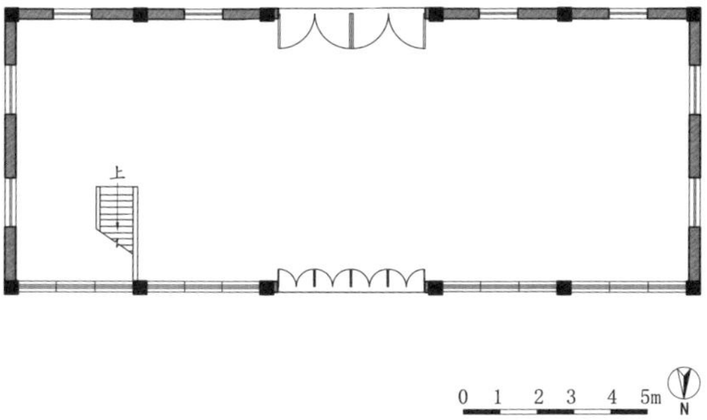

南楼一层平面图

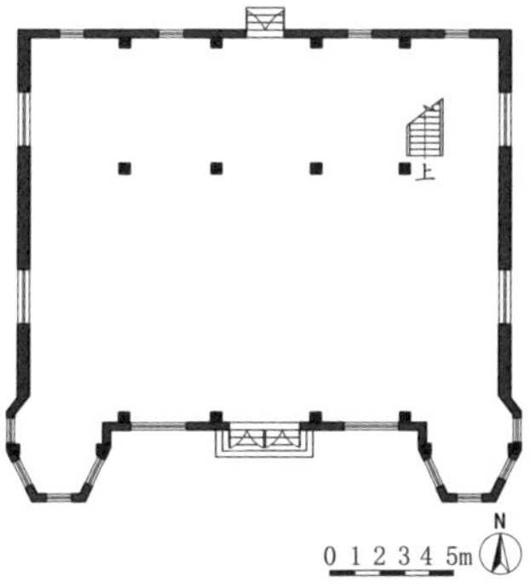

北楼一层平面图

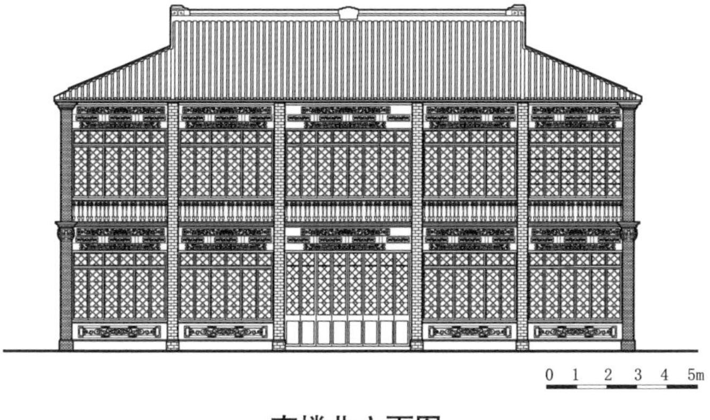

南楼北立面图

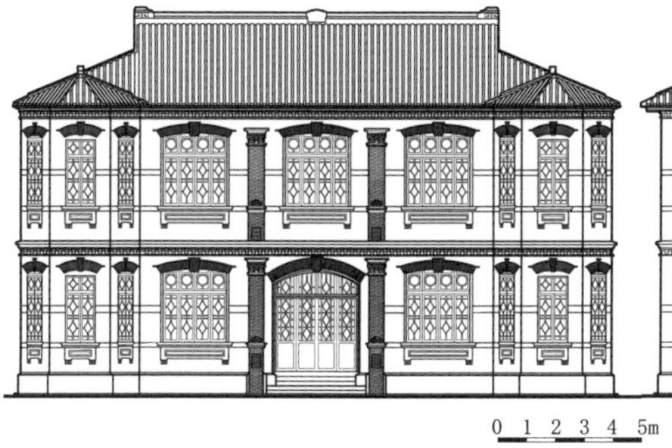

北楼南立面图

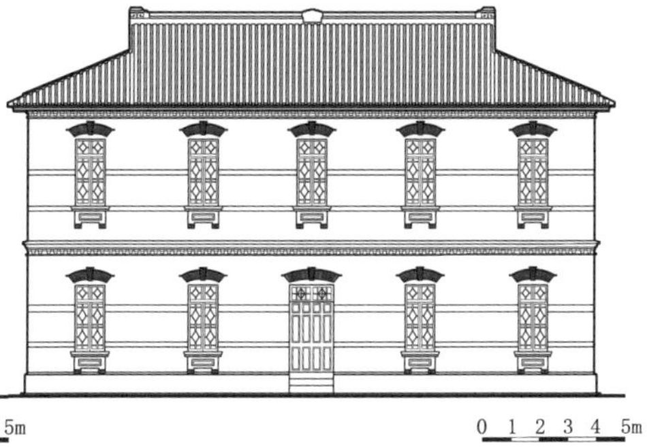

北楼北立面图

纸业公所

建于1922年

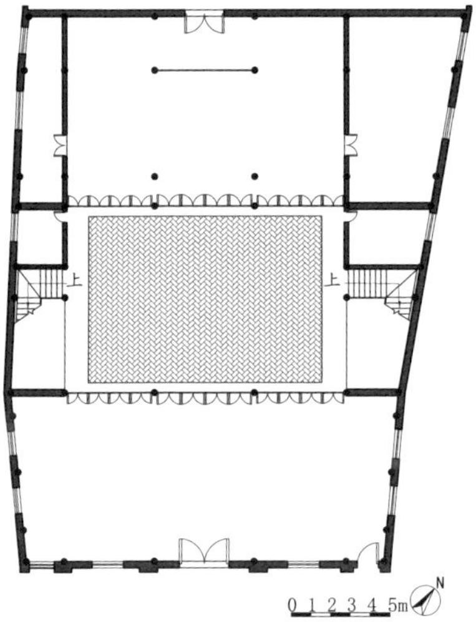

一层平面图

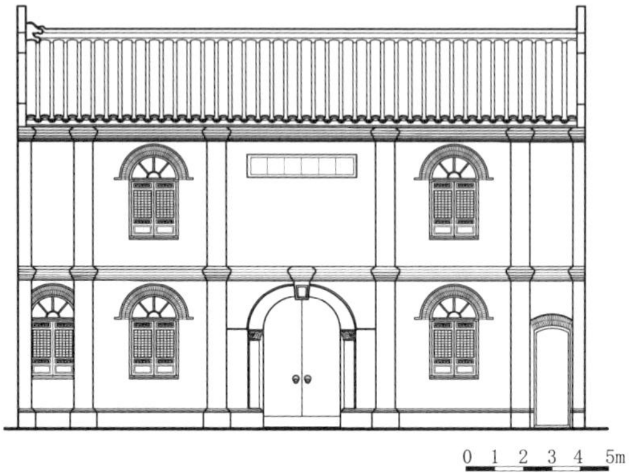

东立面图

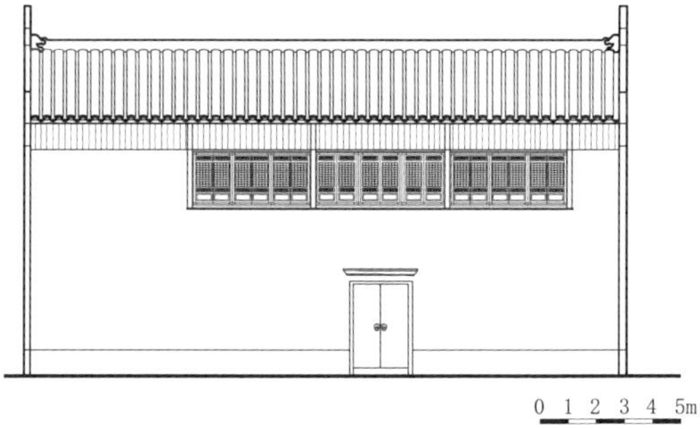

西立面图

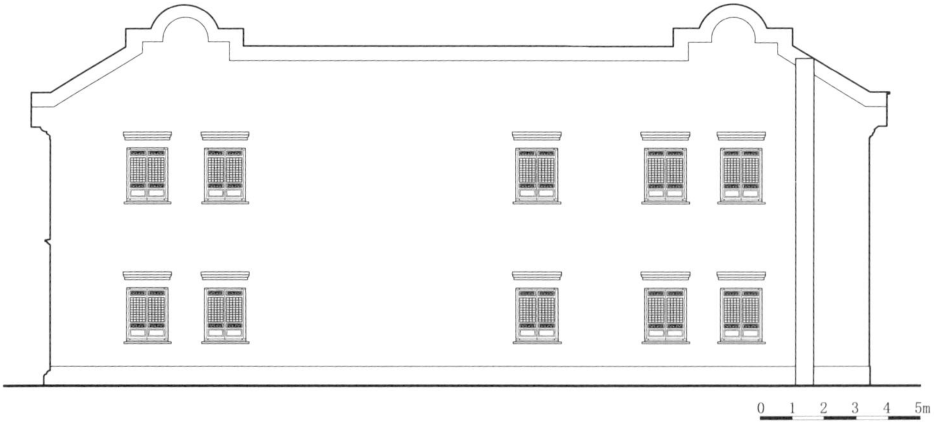

北立面图

鼎昌丝厂

建于1930年

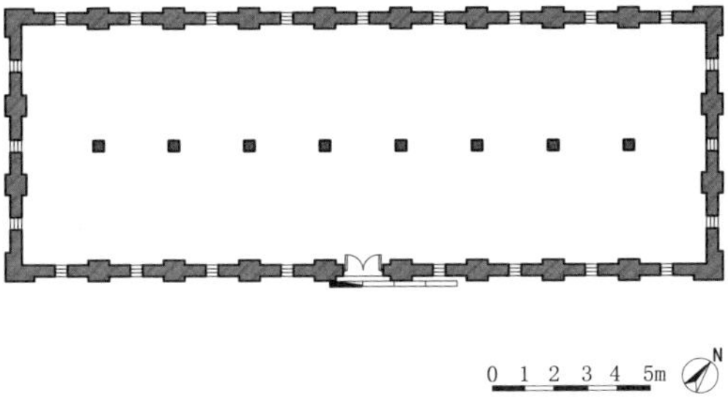

一层平面图

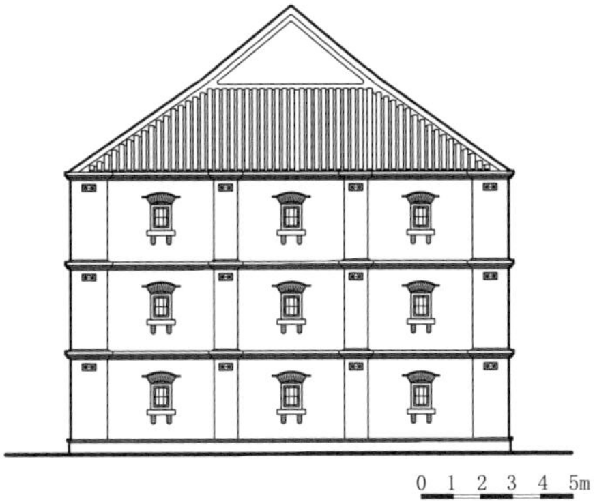

西立面图

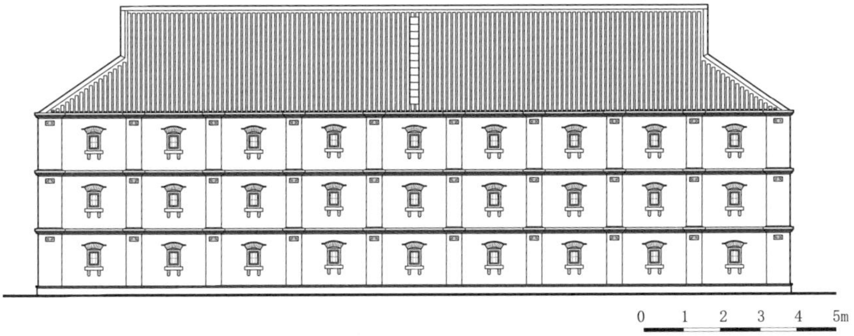

北立面图

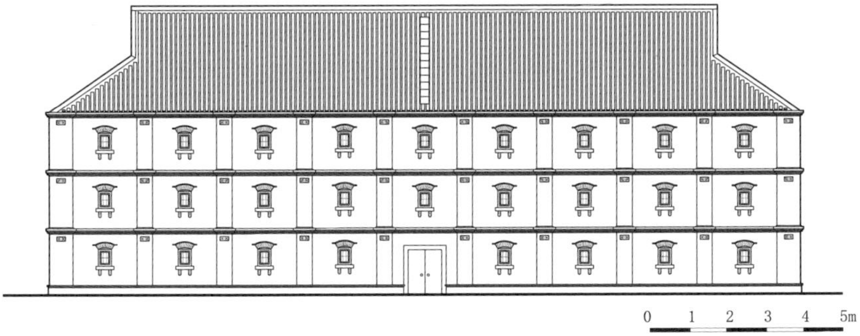

南立面图

北仓门蚕丝仓库

建于1938年

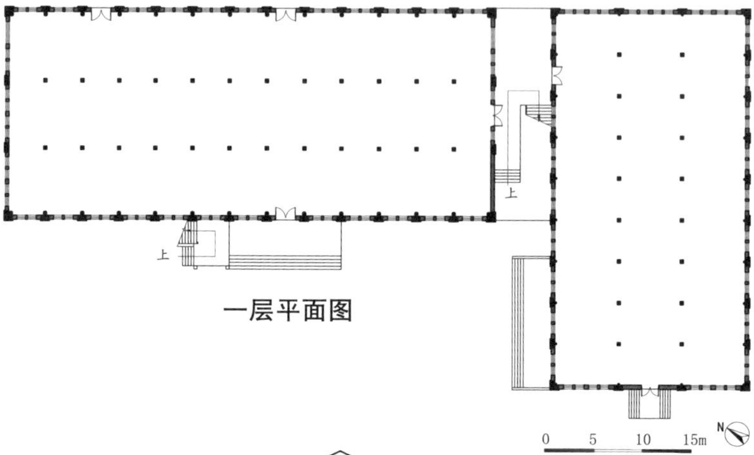

一层平面图

东幢南立面图

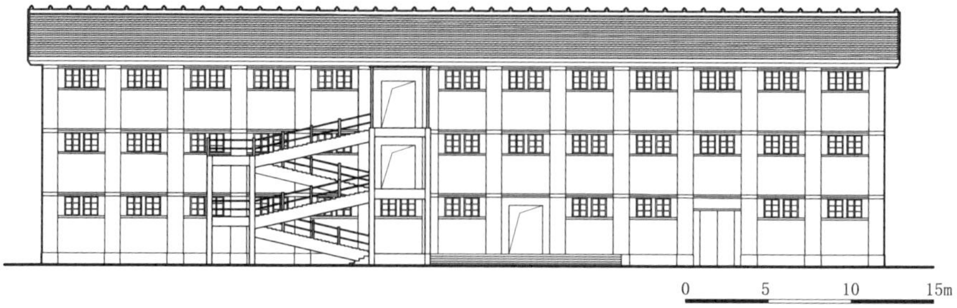

西幢南立面图

海宁救熄会

始建于民国初年

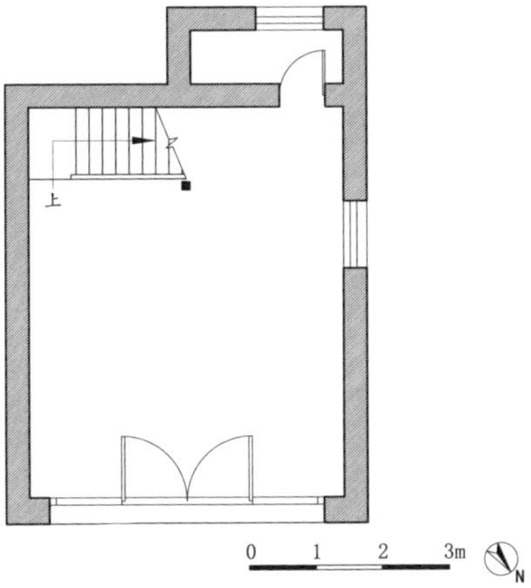

一层平面图

北立面图

西立面图

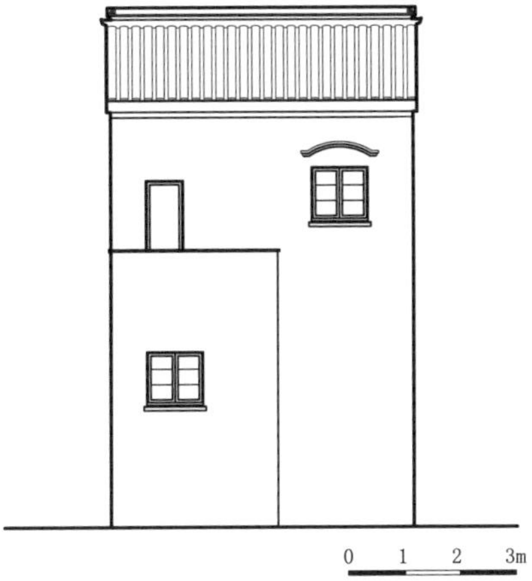

南立面图

坎宫救熄会

始建于1866年

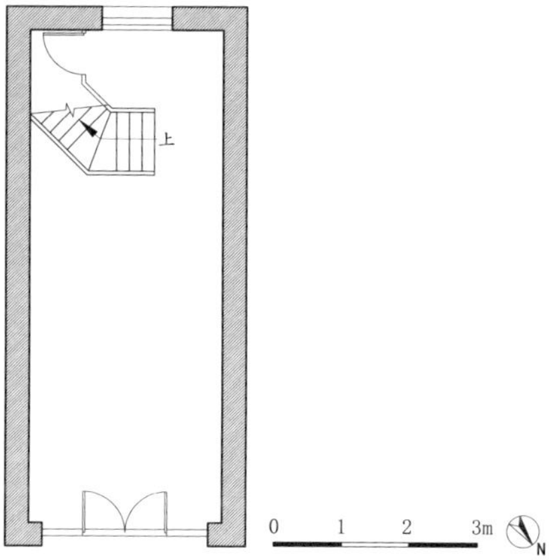

一层平面图

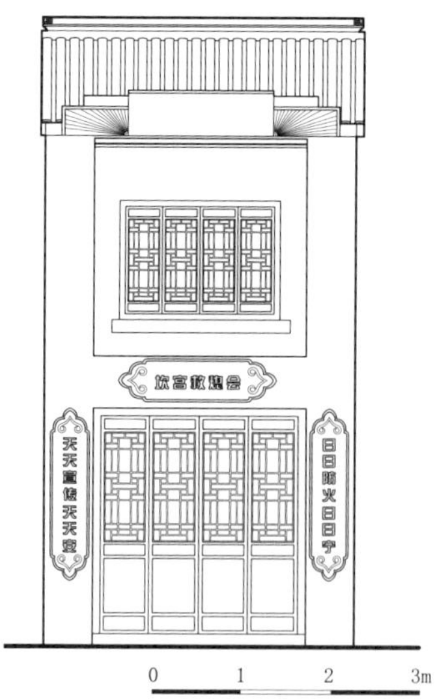

北立面图

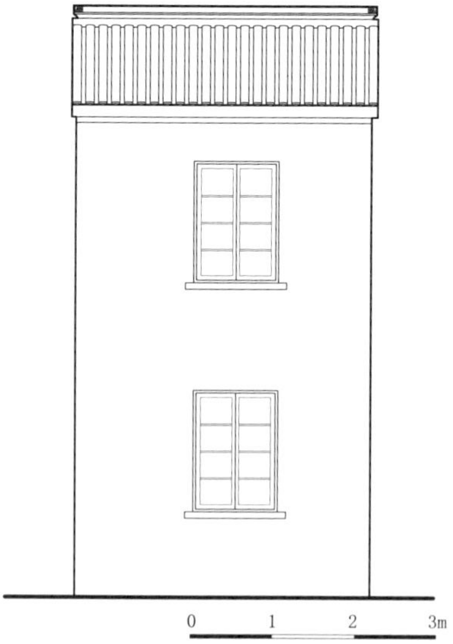

南立面图

无锡天主教堂

始建于1707年，1892年重建

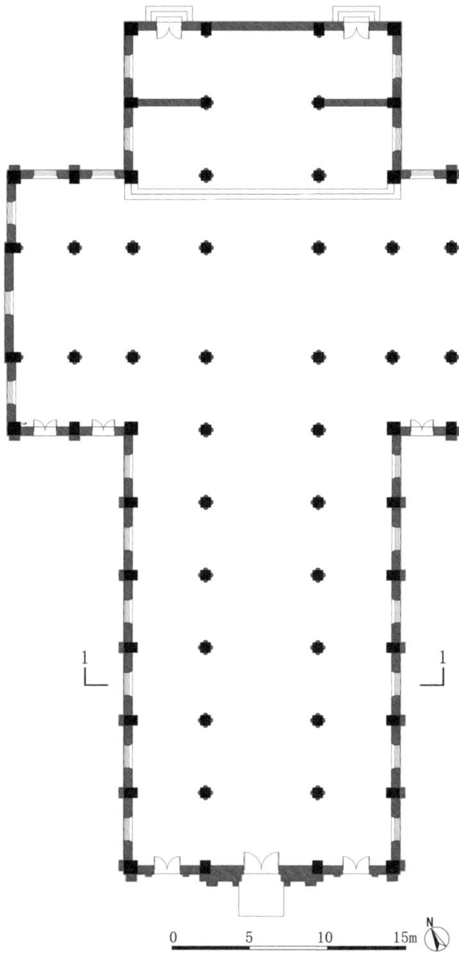

平面图

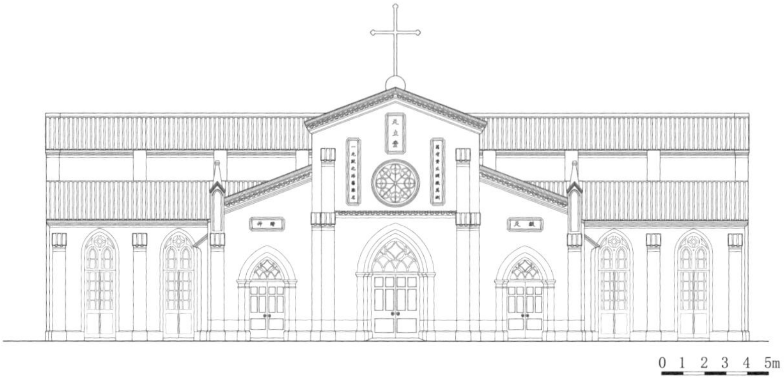

南立面图

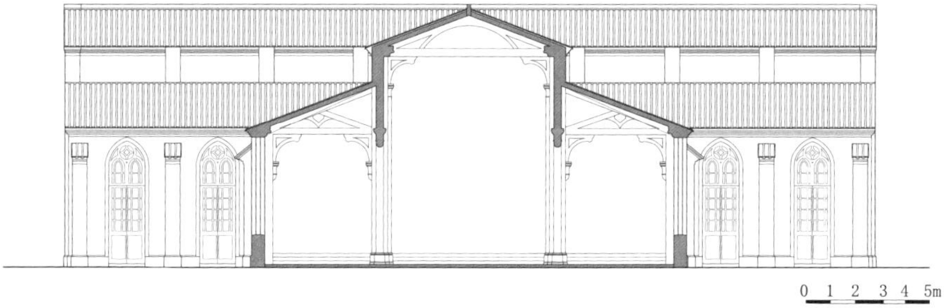

1-1剖面图

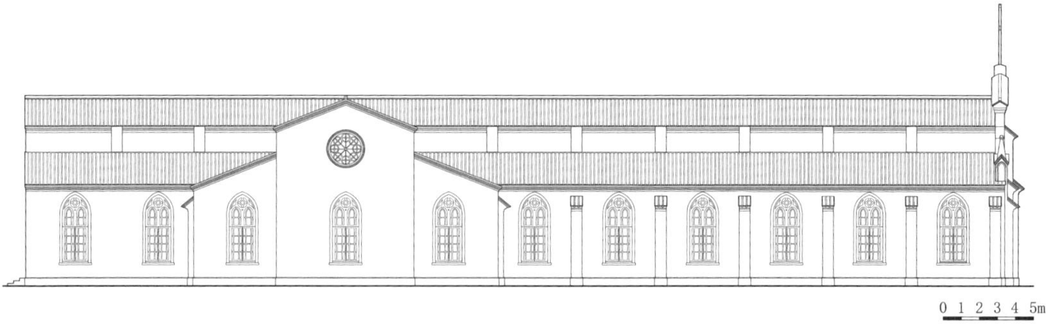

西立面图

无锡佛教居士林

建于1925年

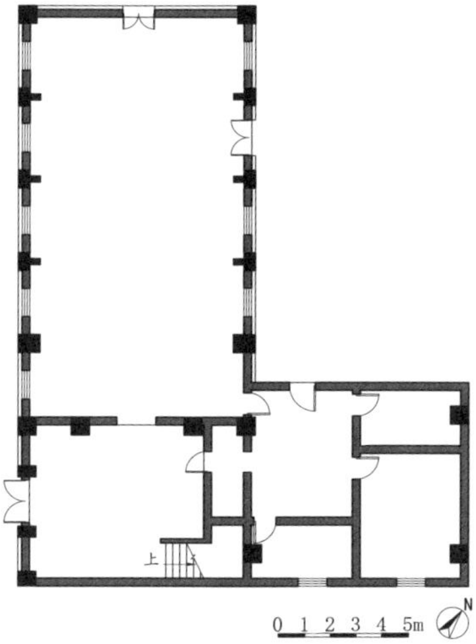

一层平面图

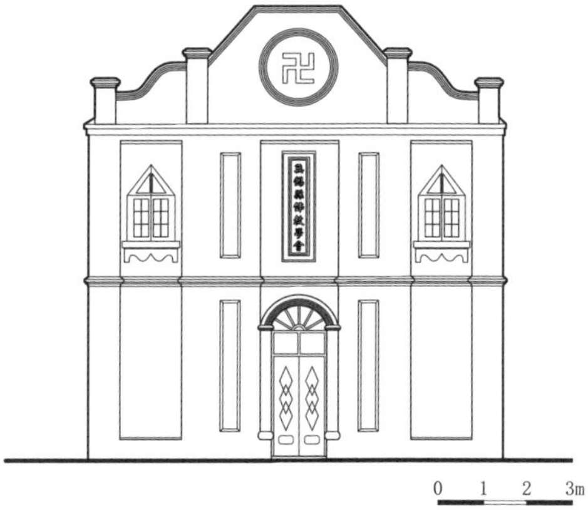

北立面图（局部）

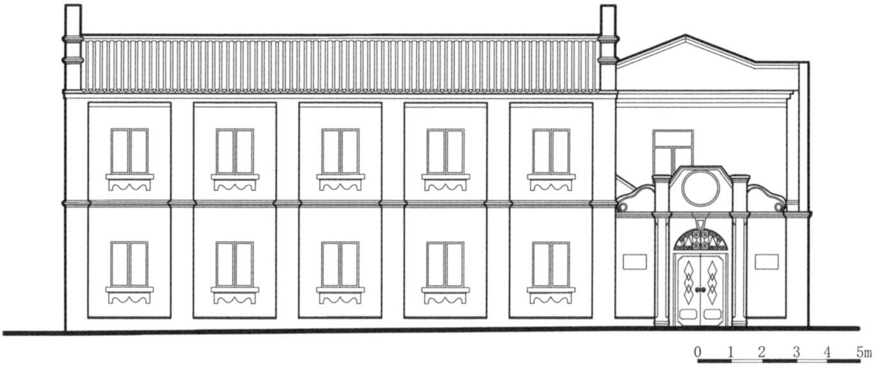

西立面图

杨藕芳祠

建于1912年

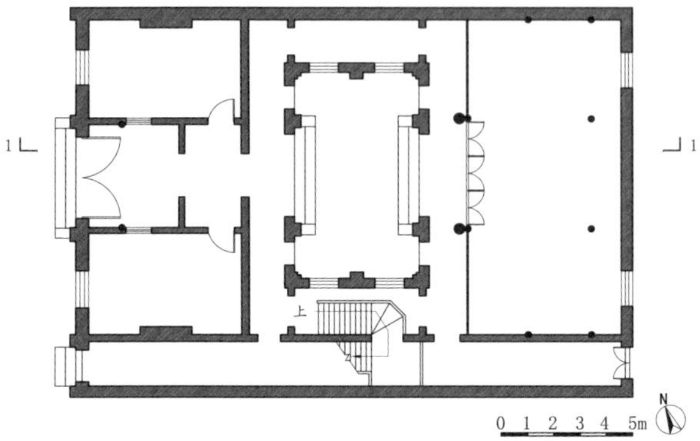

一层平面图

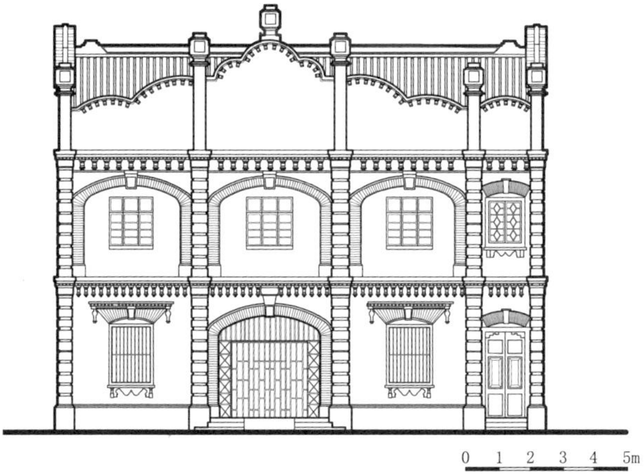

北立面图

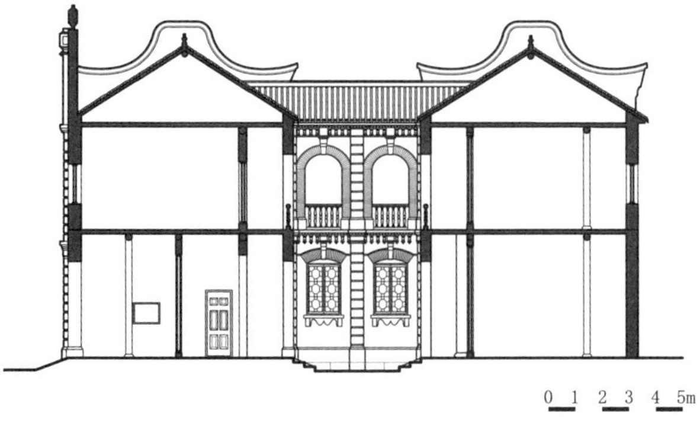

1-1剖面图

复庐

建于20世纪初期

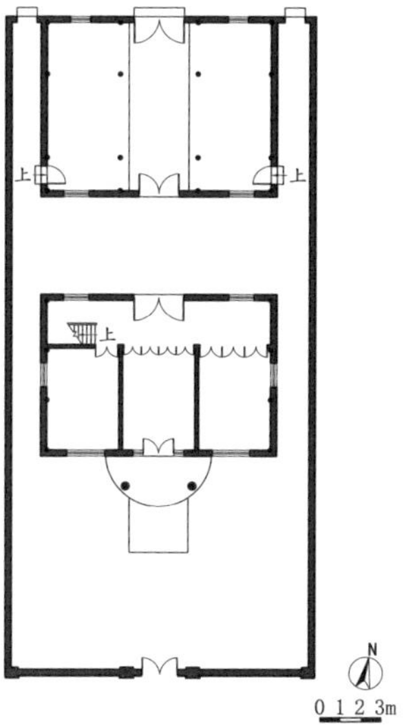

一层平面图

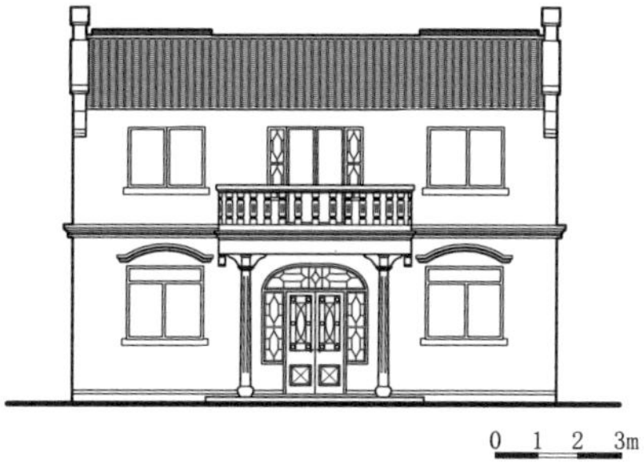

首进建筑南立面图

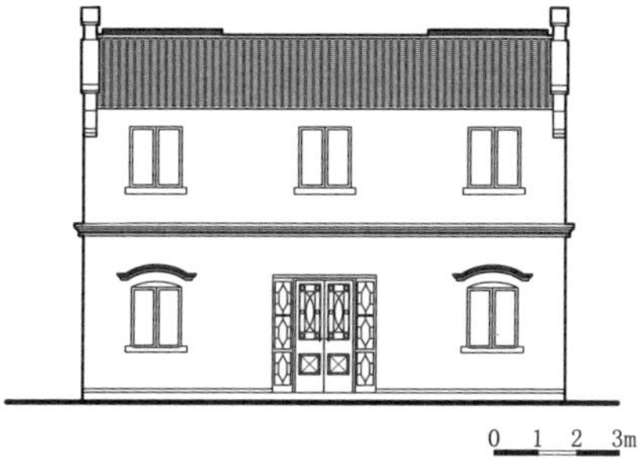

首进建筑北立面图

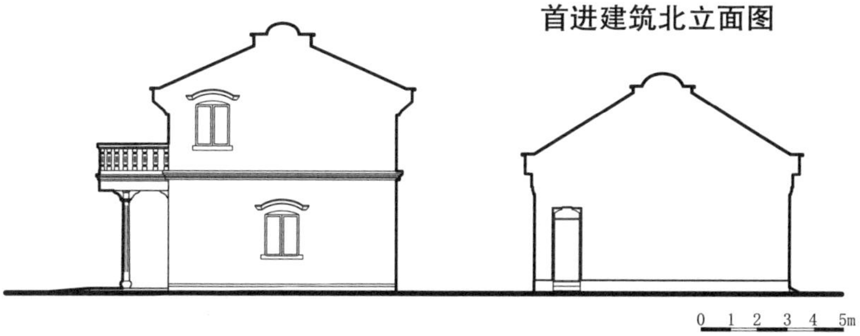

东立面图

入口立面图

敦厚堂

建于1927年

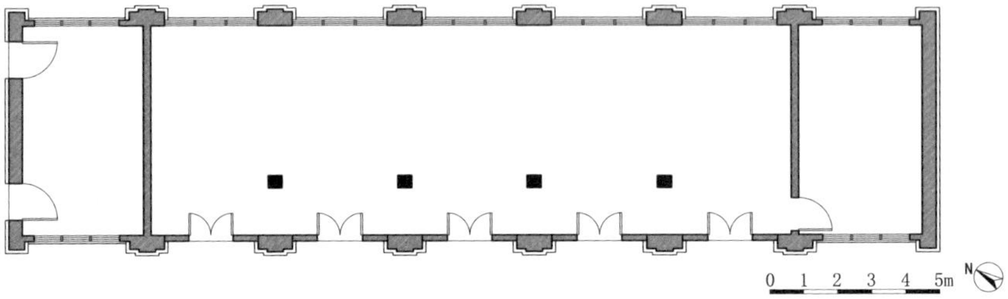

平面图

东立面图

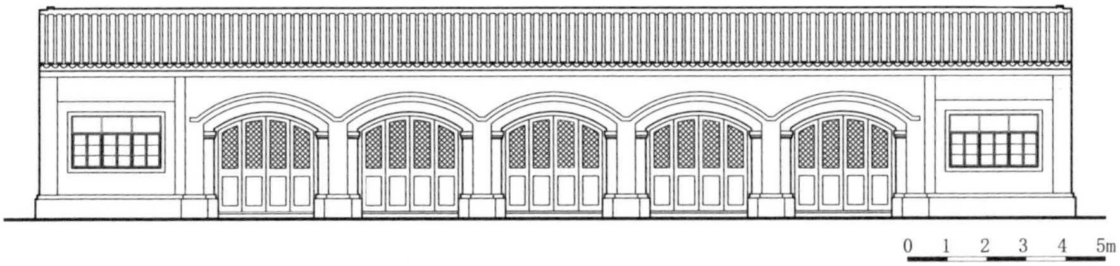

南立面图

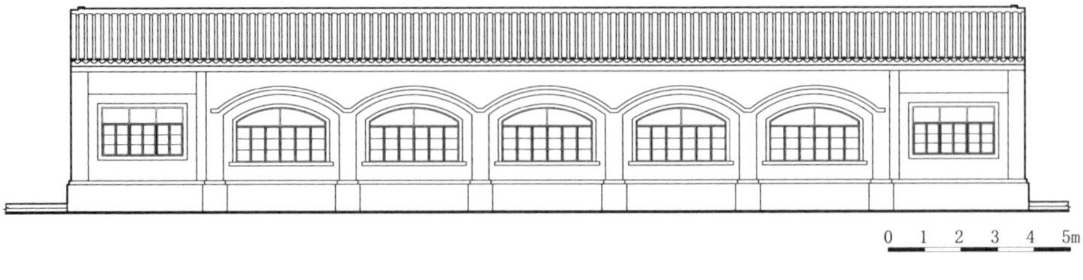

北立面图

澄澜堂

建于1931年

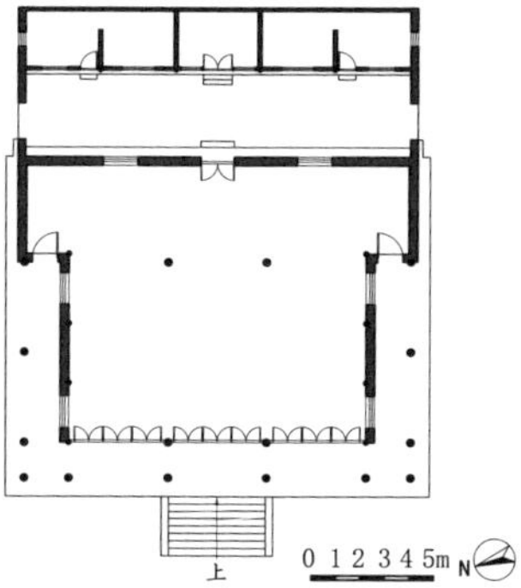

平面图

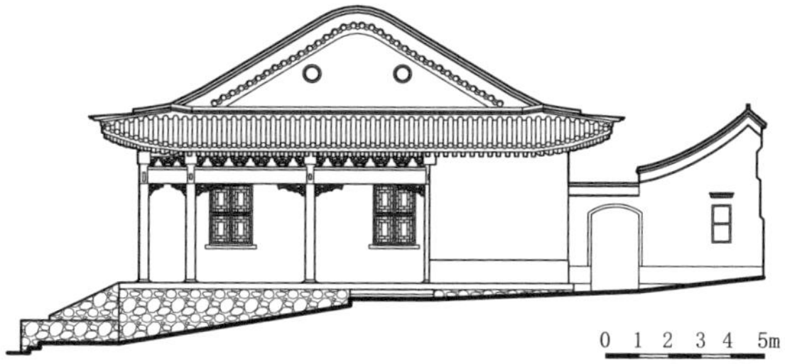

南立面图

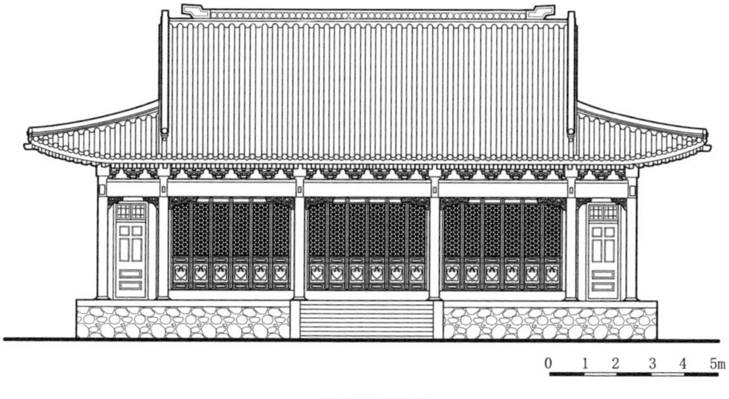

西立面图

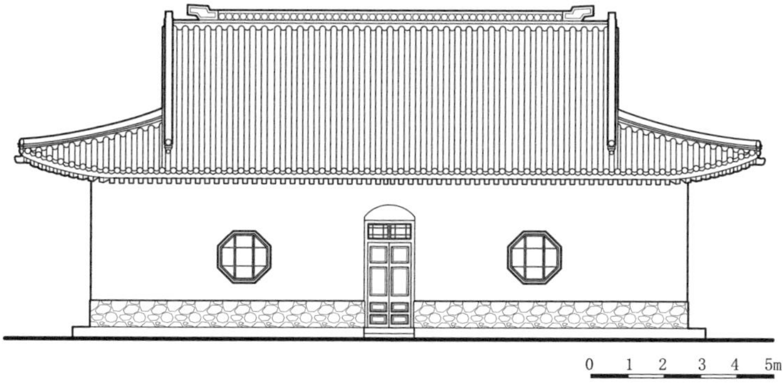

东立面图

茹经堂

建于1934年

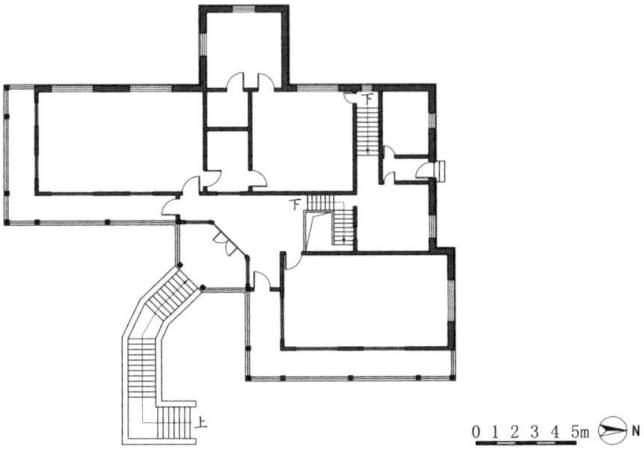

一层平面图

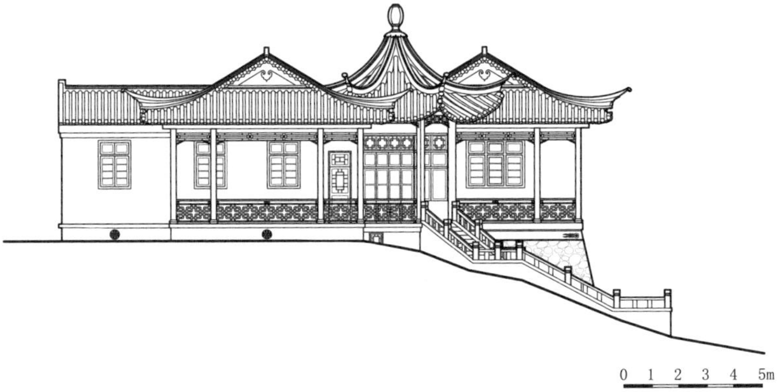

南立面图

西立面图

缪公馆

建于1932年

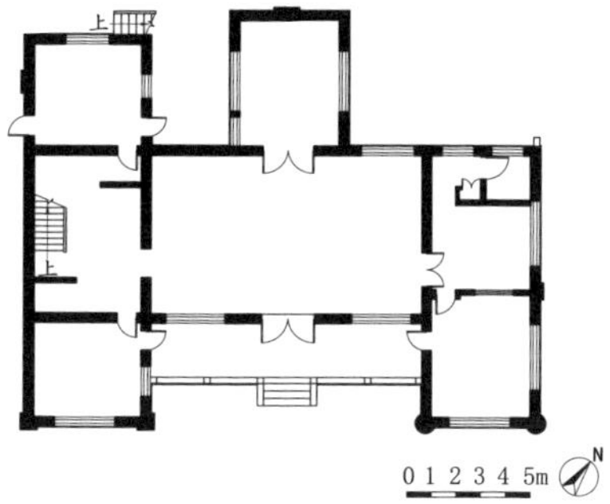

一层平面图

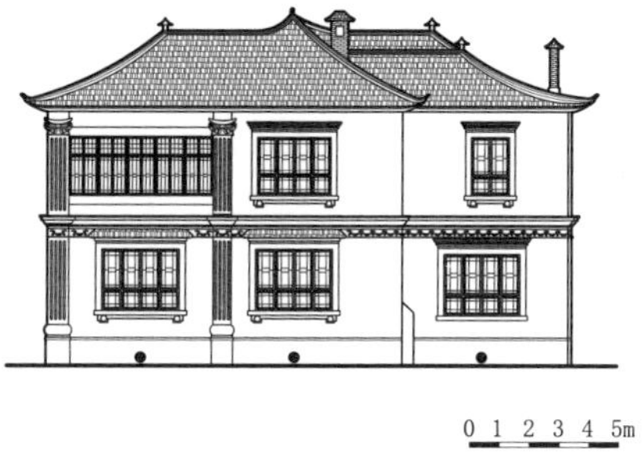

东立面图

南立面图

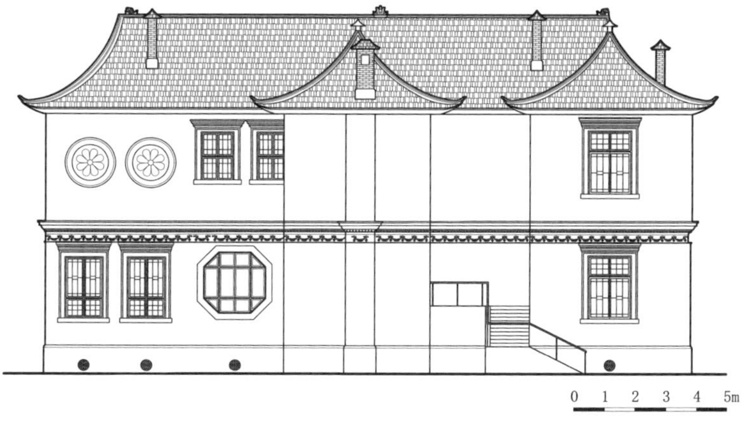

北立面图

陈大明宅

约建于1918年

南立面图

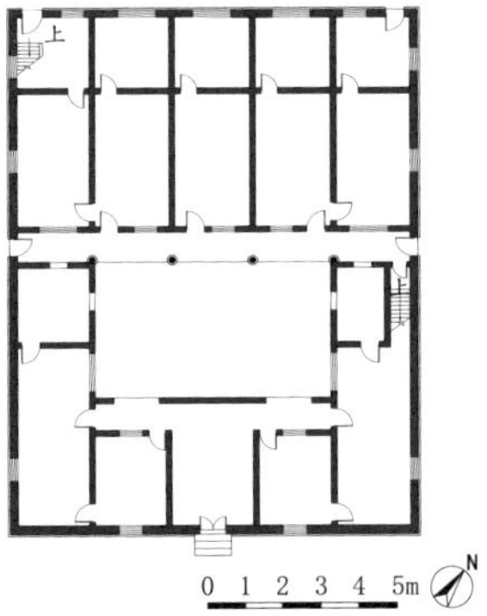

一层平面图

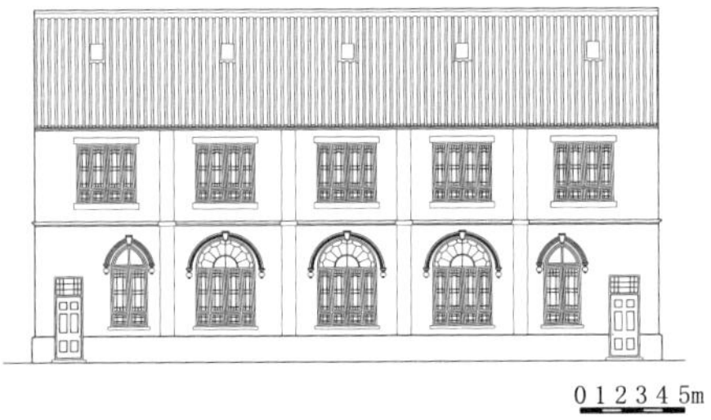

北立面图

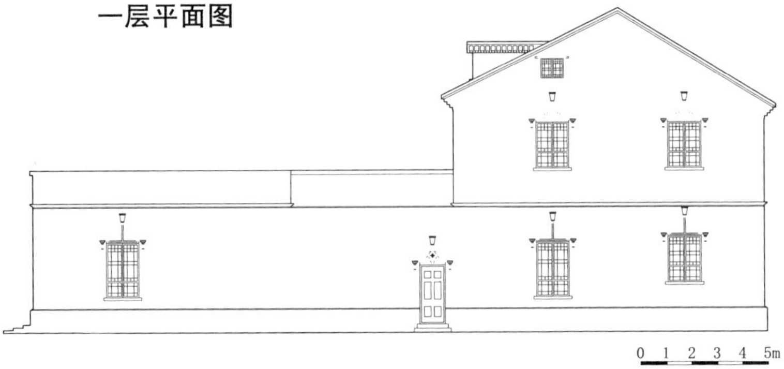

东立面图

薛汇东宅

建于1917年

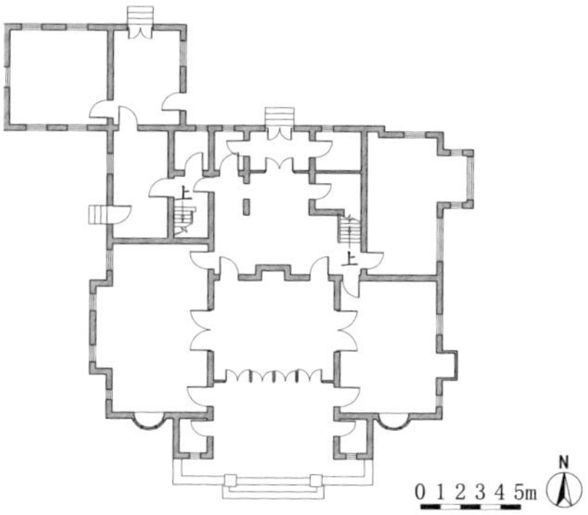

主楼一层平面图

主楼南立面图

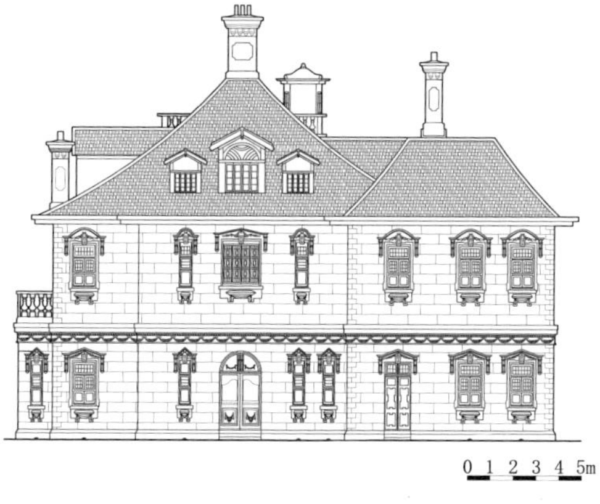

主楼北立面图

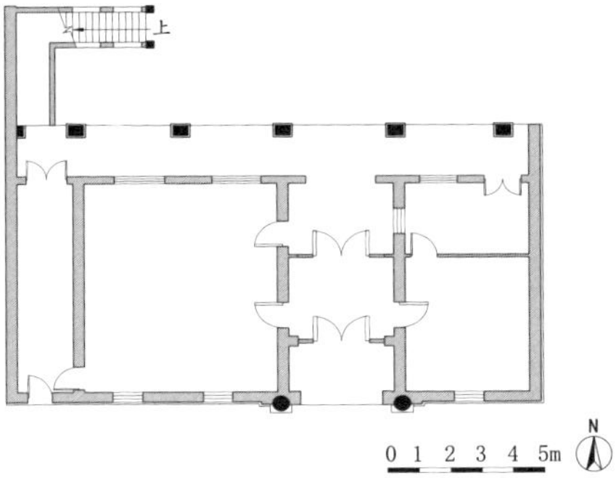

临街门楼一层平面图

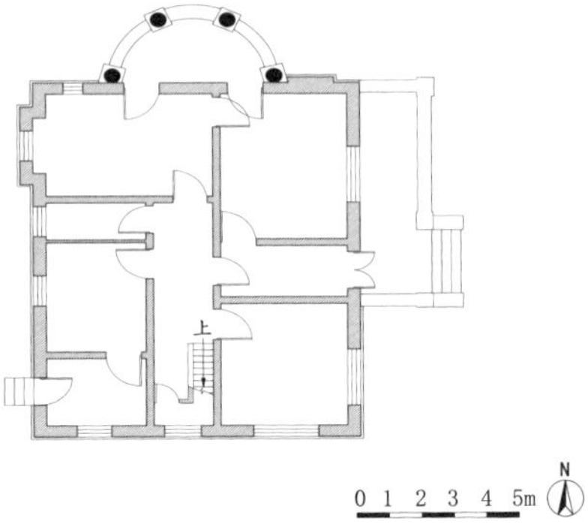

副楼一层平面图

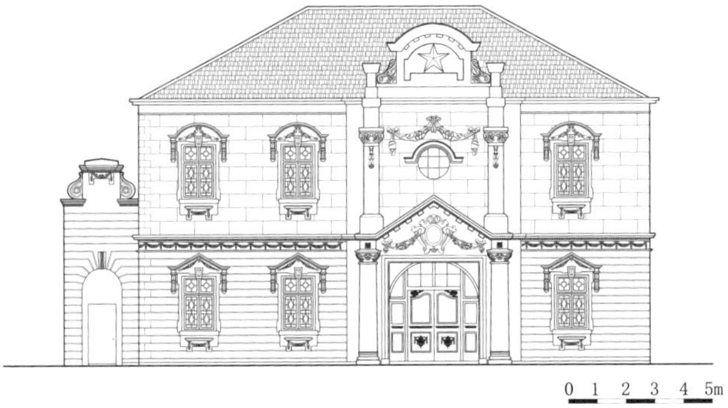

临街门楼南立面图

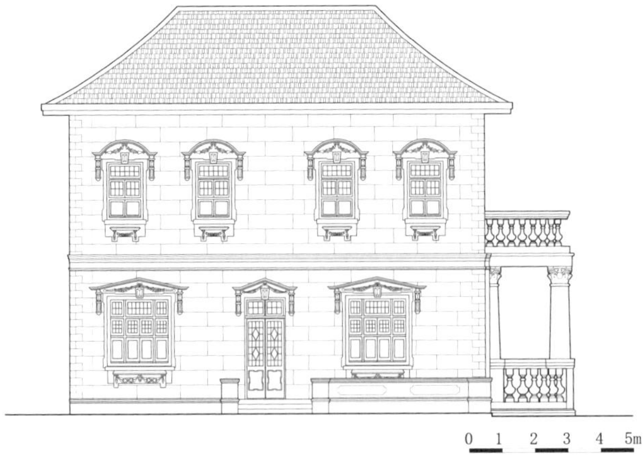

副楼东立面图

云邁园裘学楼

建于1926年

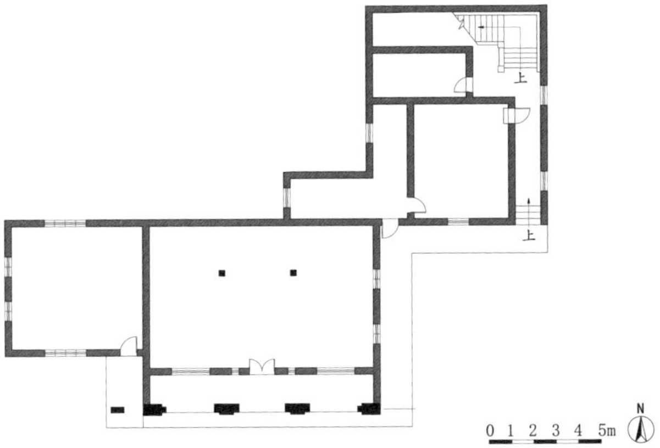

一层平面图

南立面图

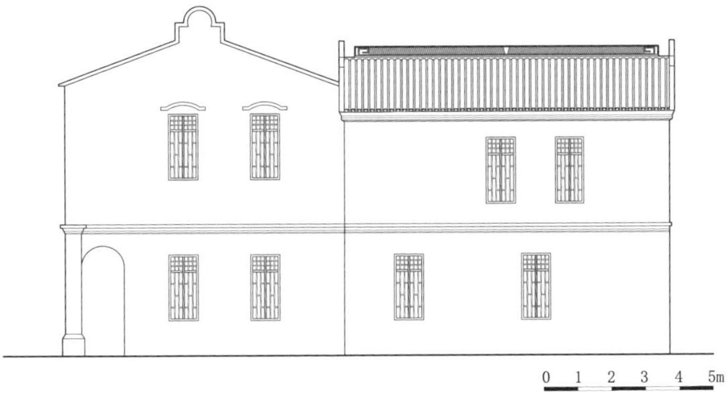

东立面图

景宣楼

建于1936年

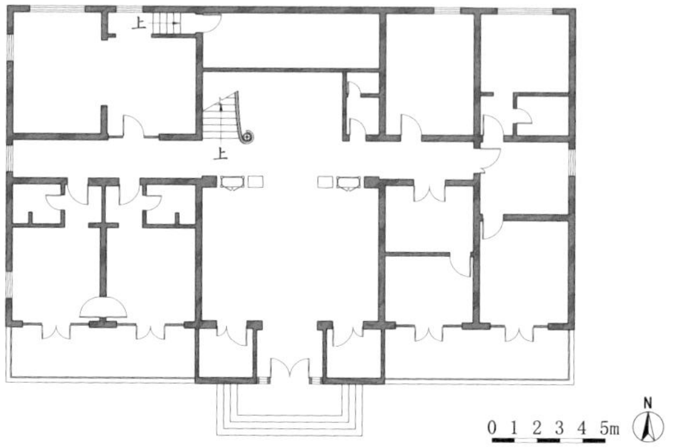

一层平面图

南立面图

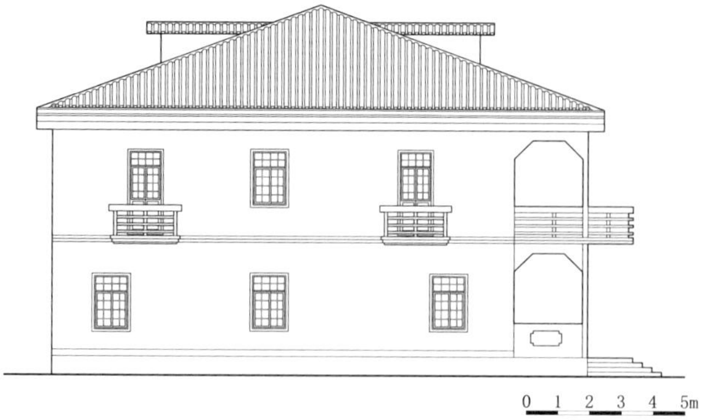

西立面图

宗敬别墅1

建于1923年

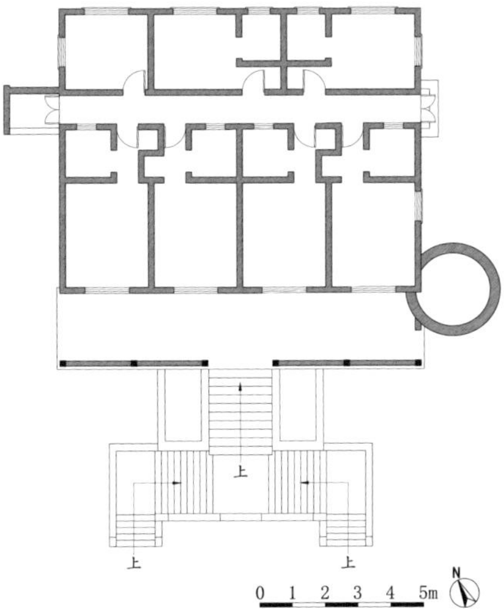

平面图

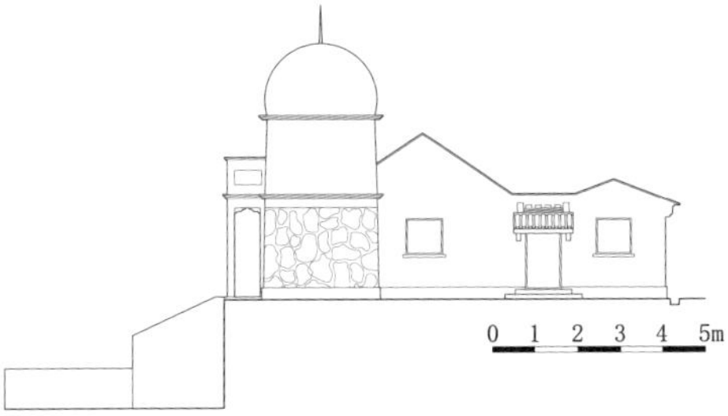

东立面图

南立面图

宗敬别墅2

约建于1929年

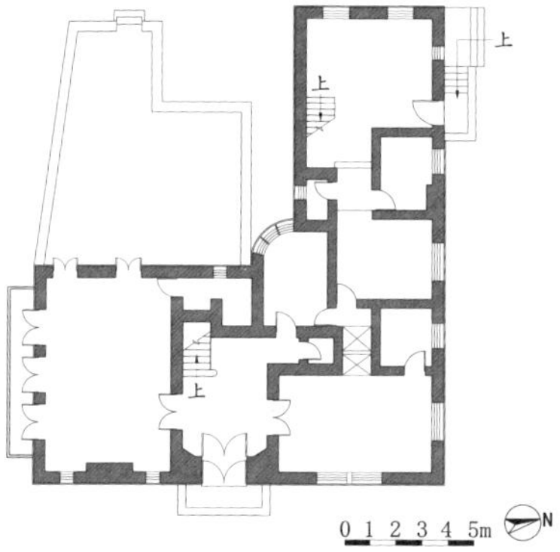

一层平面图

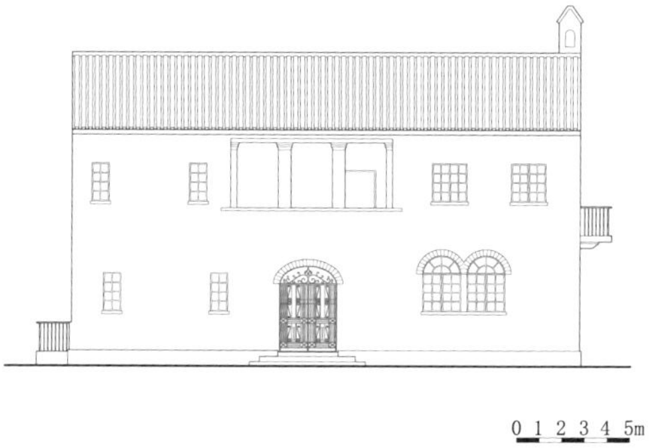

东立面图

北立面图

南立面图

张闻天旧居

约建于20世纪30年代

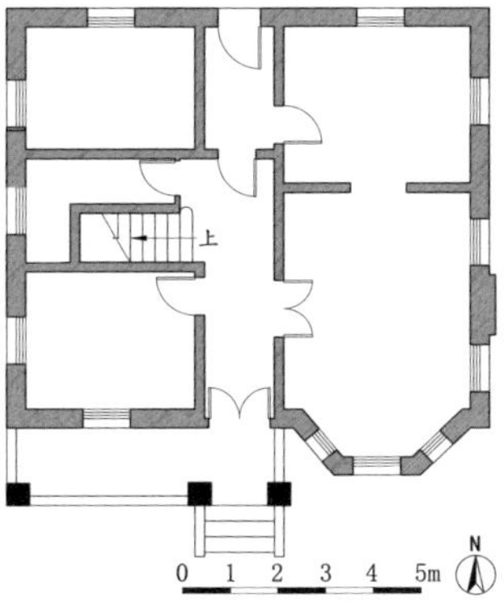

一层平面图

南立面图

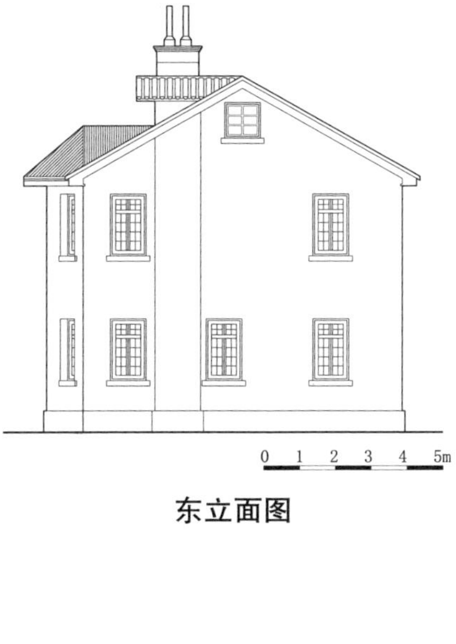

东立面图

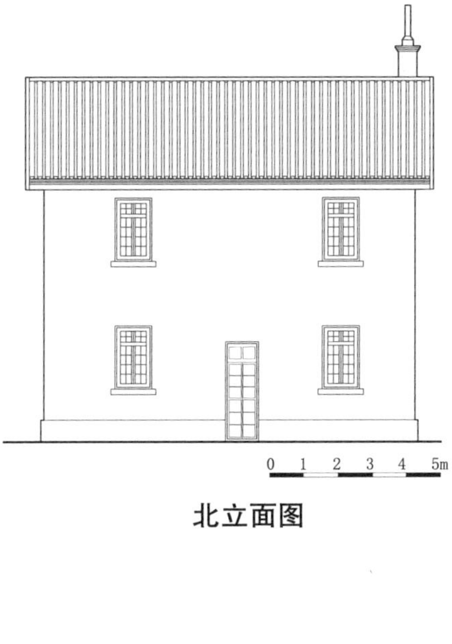

北立面图

颐安别业

建于1927年

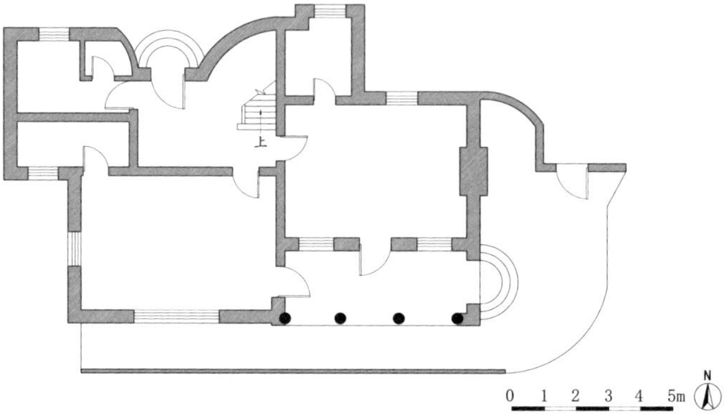

一层平面图

南立面图

北立面图

东立面图

杨氏宗祠

建于民国时期

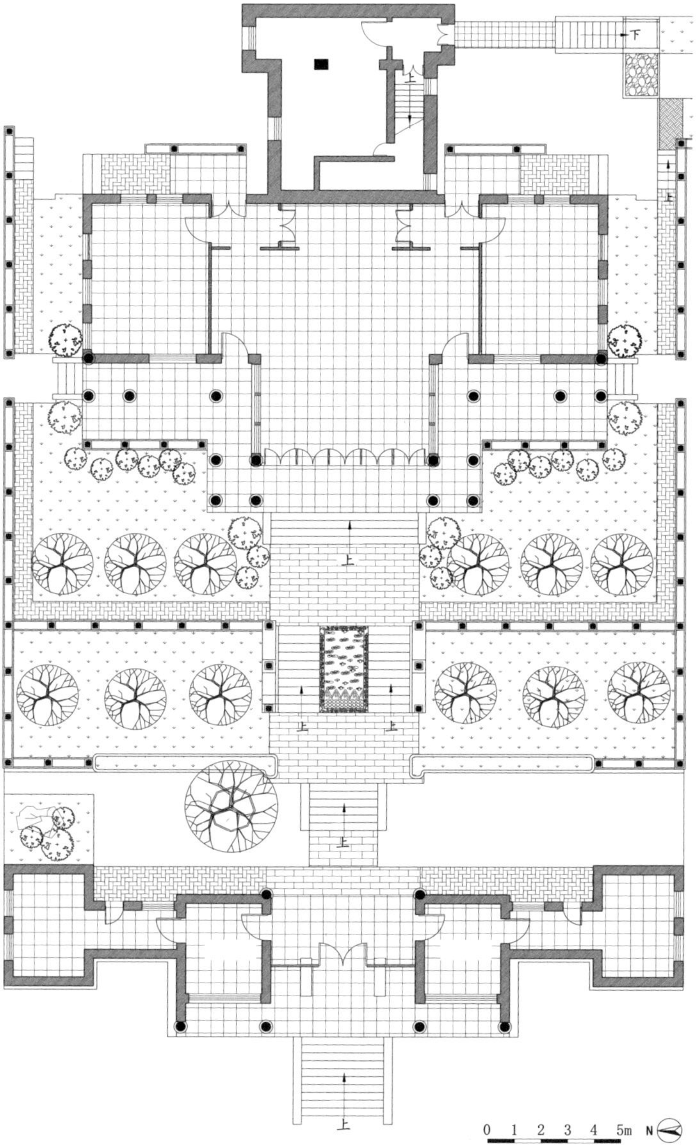

一层平面图

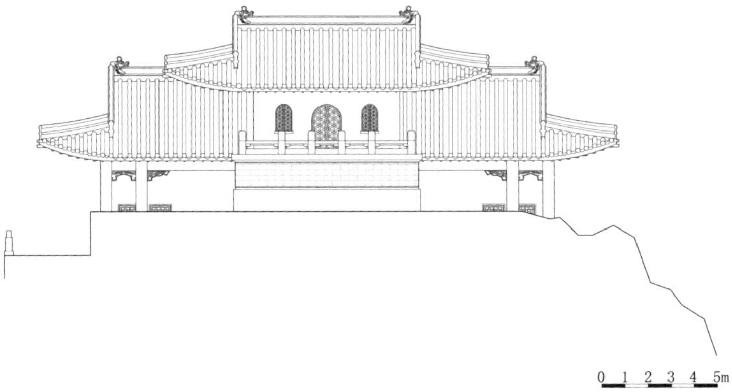

东立面图

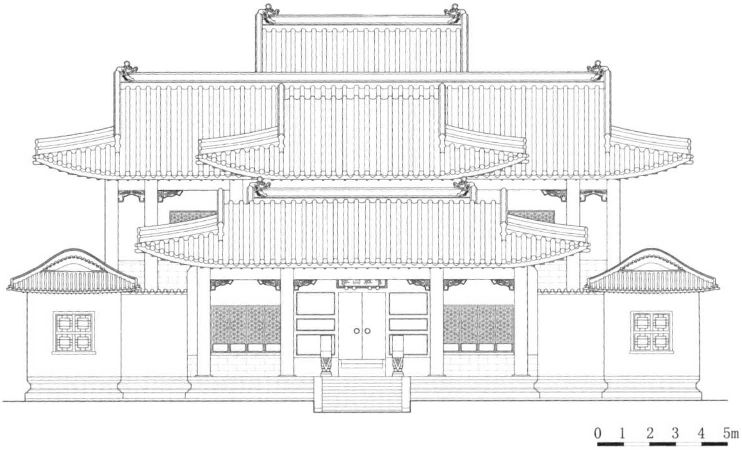

西立面图

潜庐

约建于1882年

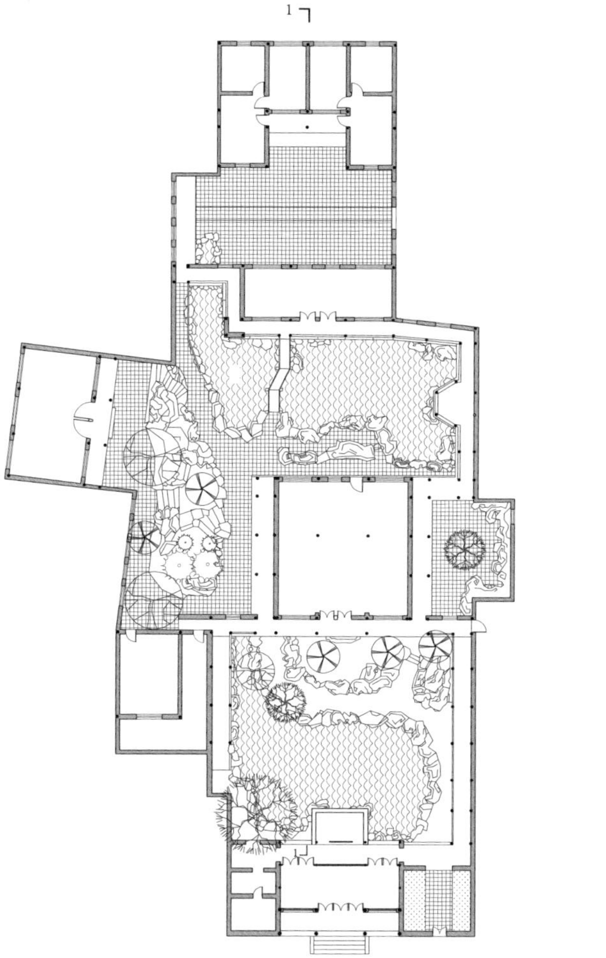

平面图

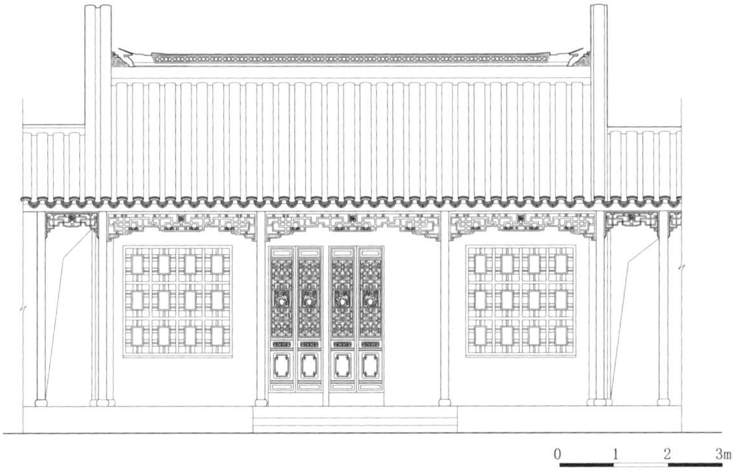

主建筑留耕草堂南立面图

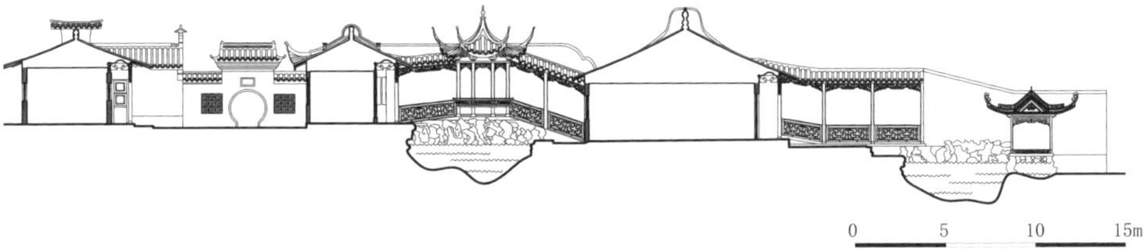

1-1剖面图

常州

青果巷（东下塘）杨氏家庭戏楼
青果巷陈宅
青果巷筠星堂
雪洞巷14号吕氏宗祠
青果巷25号民居
青果巷赵宅
青果巷46号民居
青果巷61号民居
青果巷银楼
南河沿15号民居
南河沿30号民居
魏村书场
孟河巢渭芳故居
孟城北街30、31号民居
孟河益泰酱园
孟河客栈
杨桥丁家塘丁宅10号

青果巷（东下塘）杨氏家庭戏楼

建于清晚期

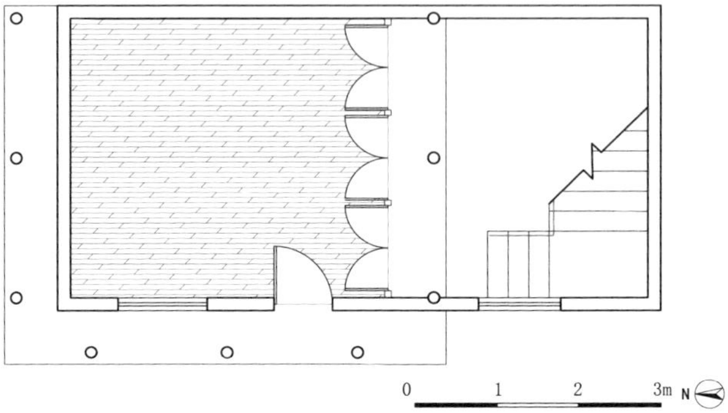

一层平面图

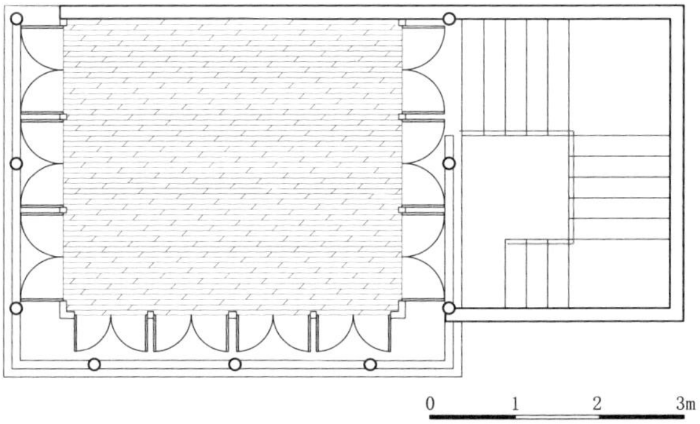

二层平面图

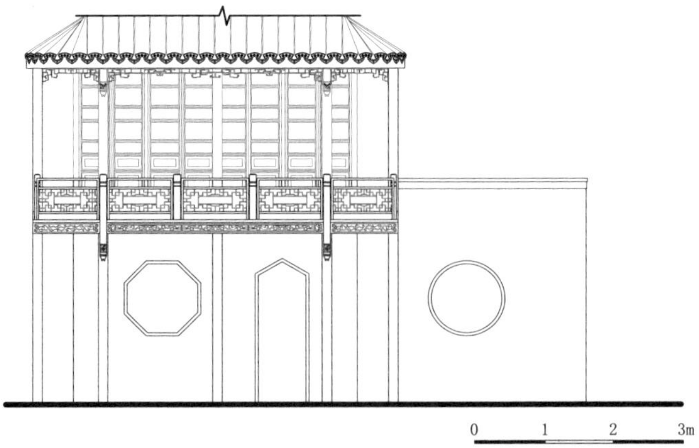

西立面图

青果巷陈宅

建于清中期

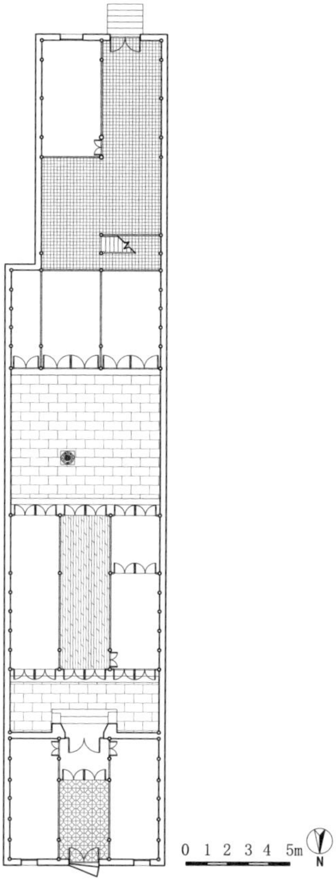

一层平面图

南立面图

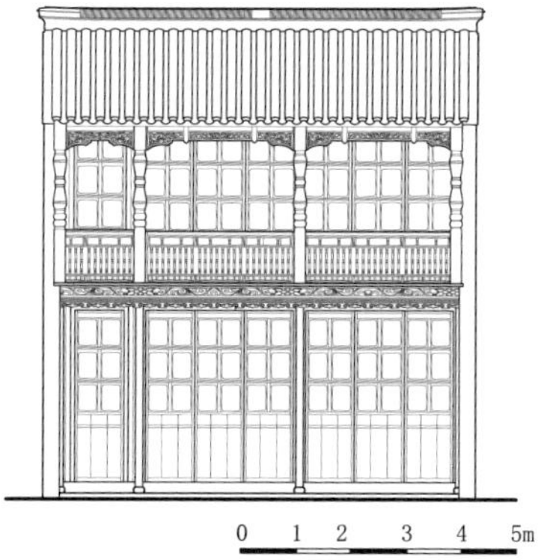

第二进天井北立面图

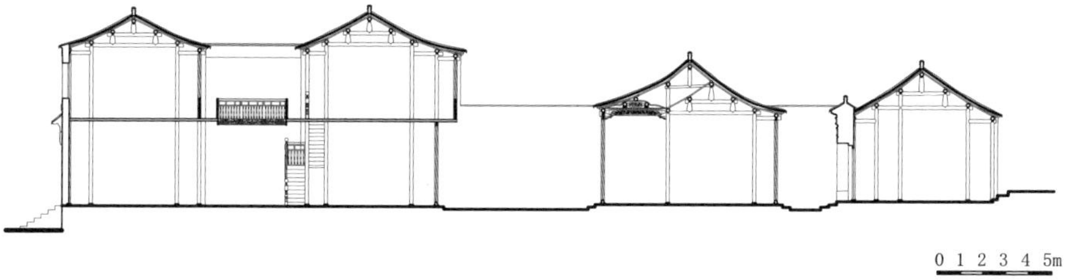

剖面图

青果巷筠星堂

建于明晚期

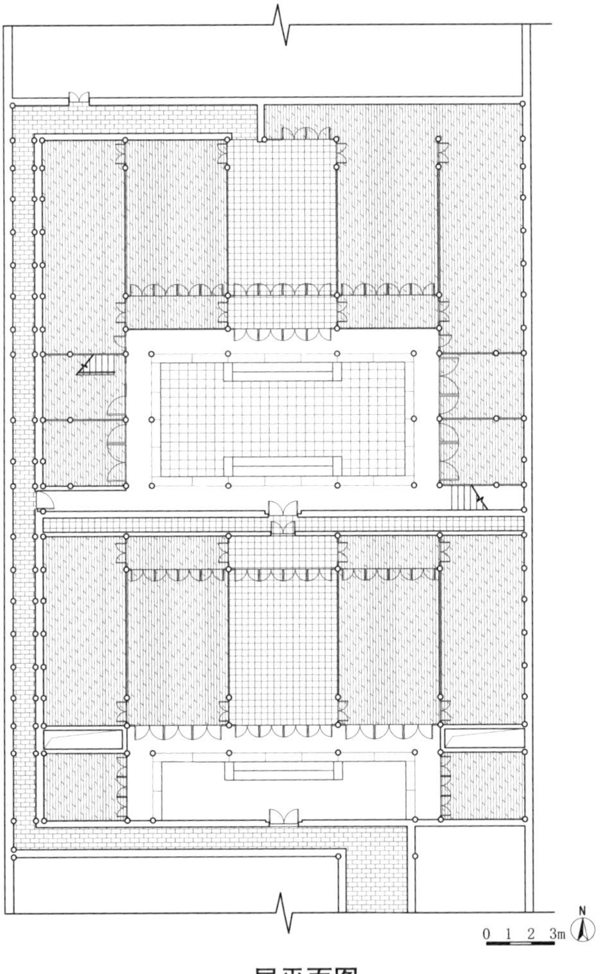

一层平面图

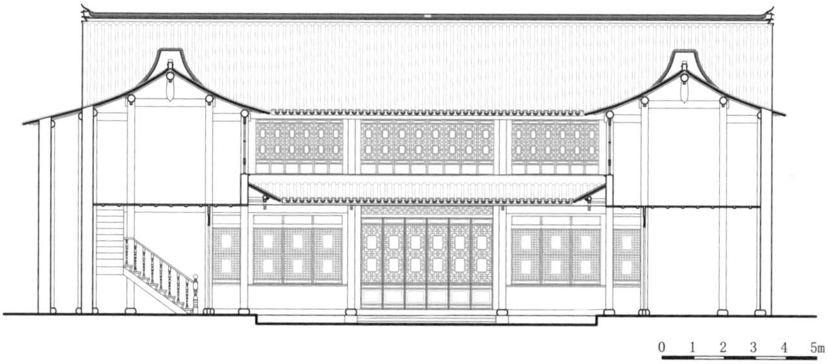

转字楼南横剖面图

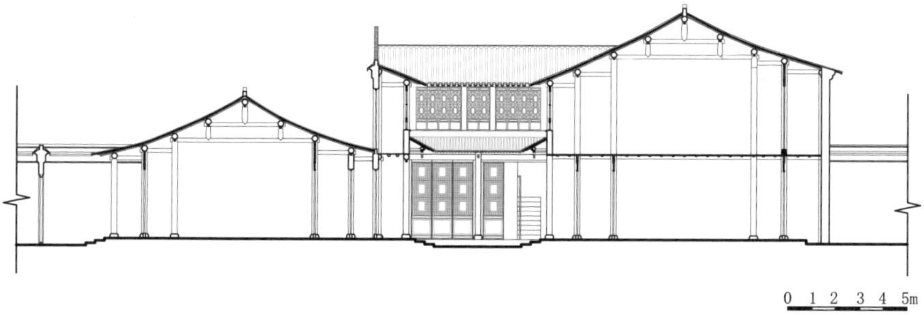

二、三进剖面图

雪洞巷14号吕氏宗祠

建于晚清年间

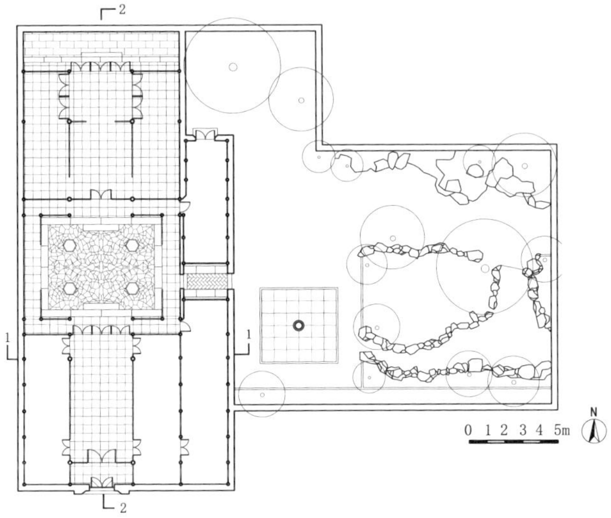

一层平面图

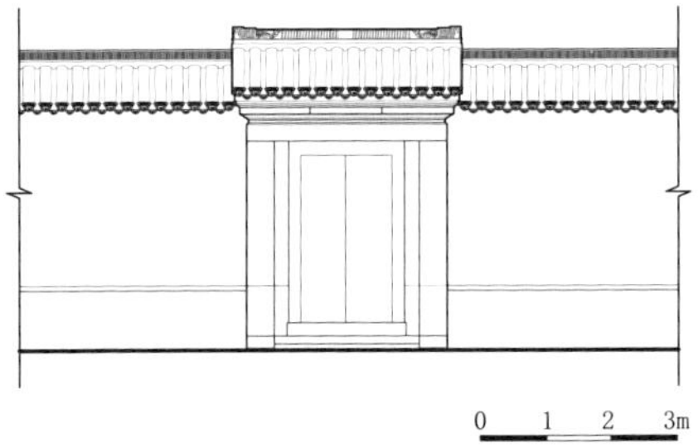

大门立面图

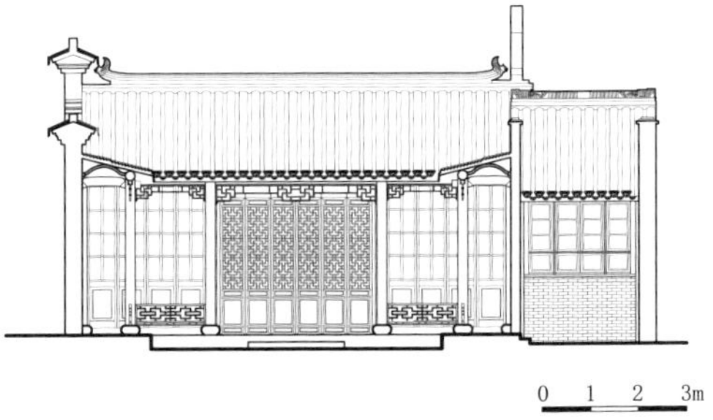

1-1剖面图

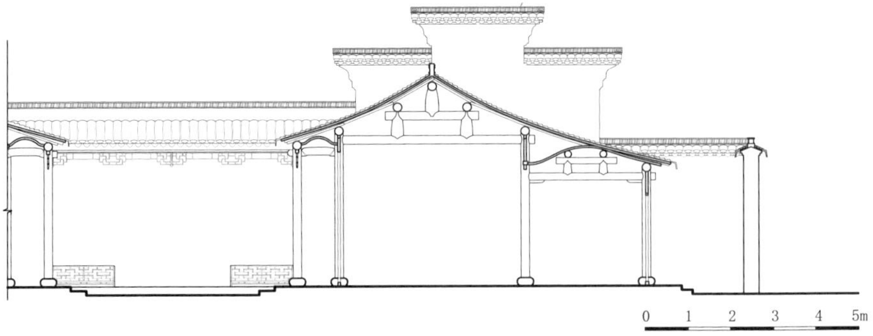

2-2剖面图

青果巷25号民居

建于清早期

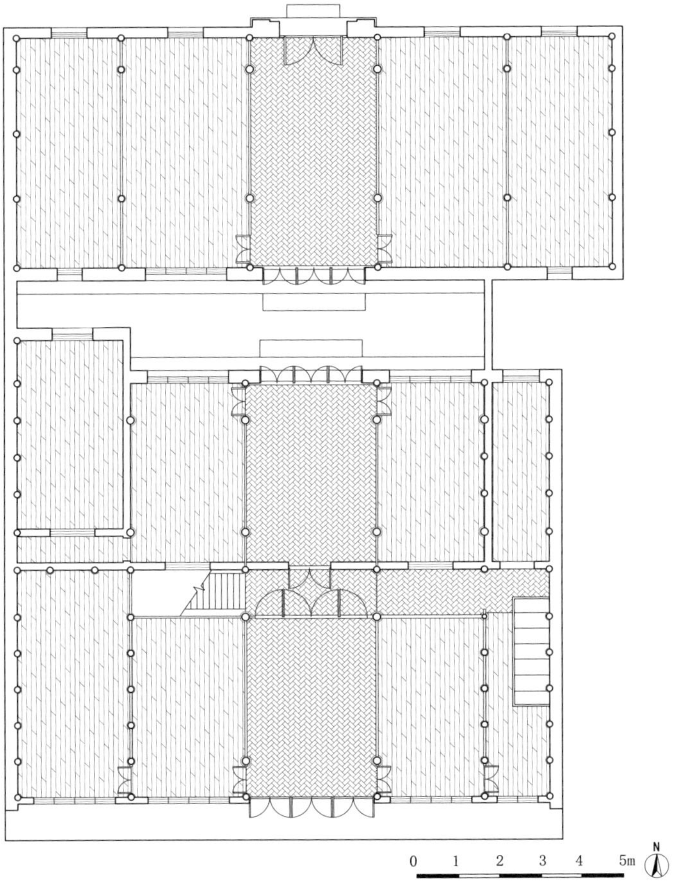

一层平面图

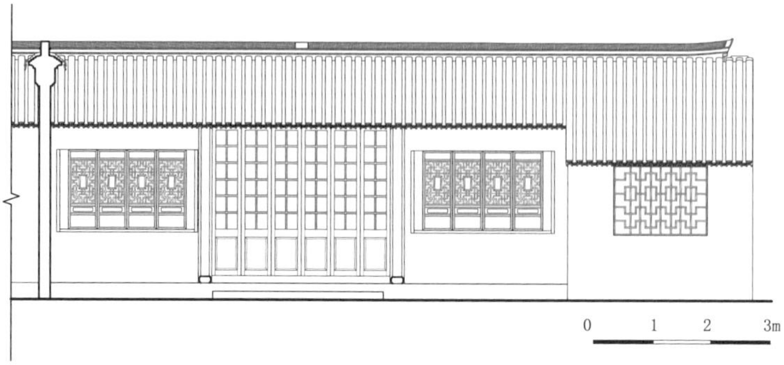

北立面图

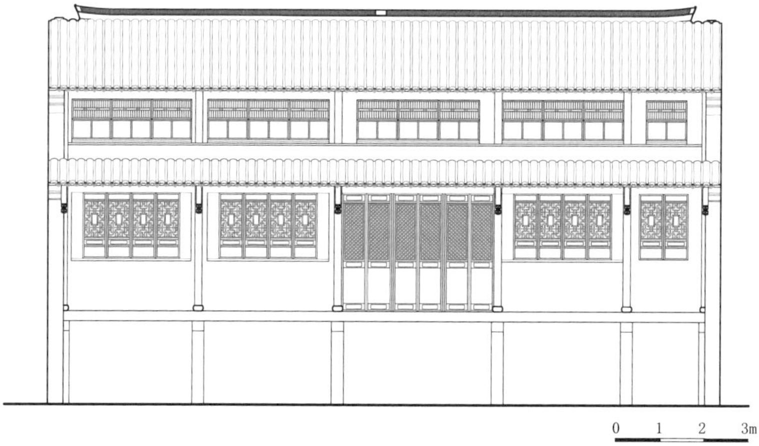

南立面图

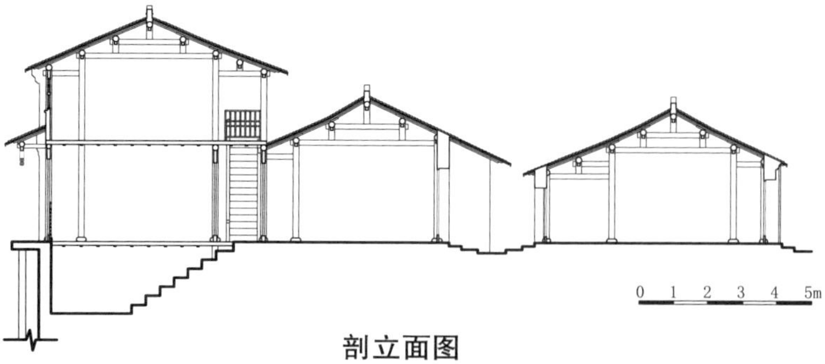

剖立面图

青果巷赵宅

建于清早期

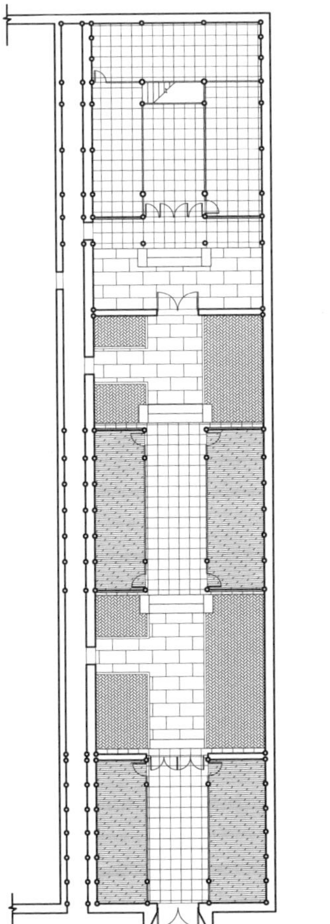

一层平面图

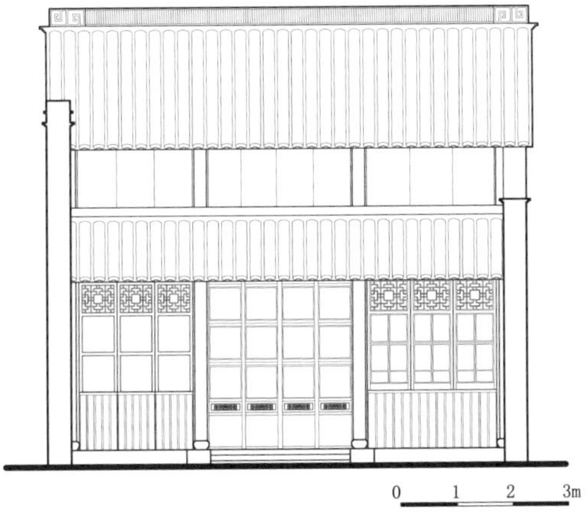

第三进立面图

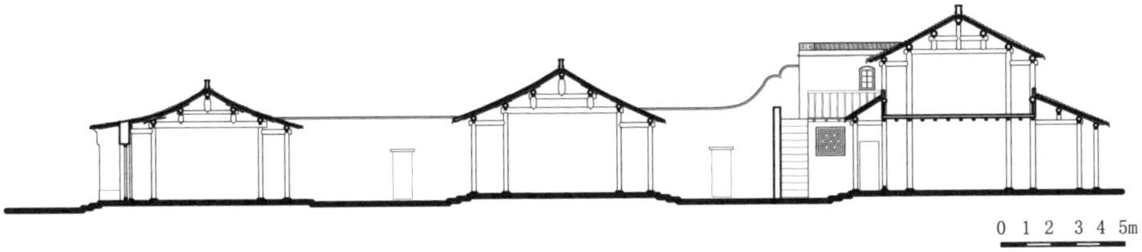

剖面图

青果巷46号民居

建于清晚期

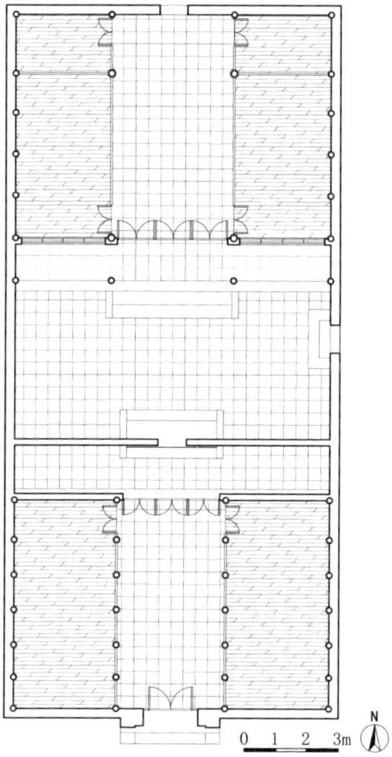

一层平面图

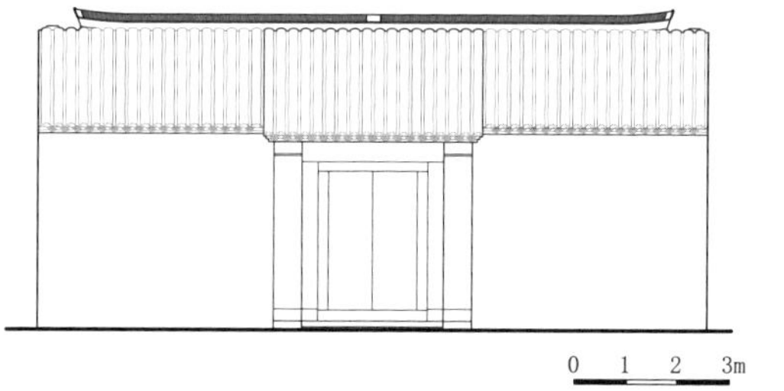

南立面图

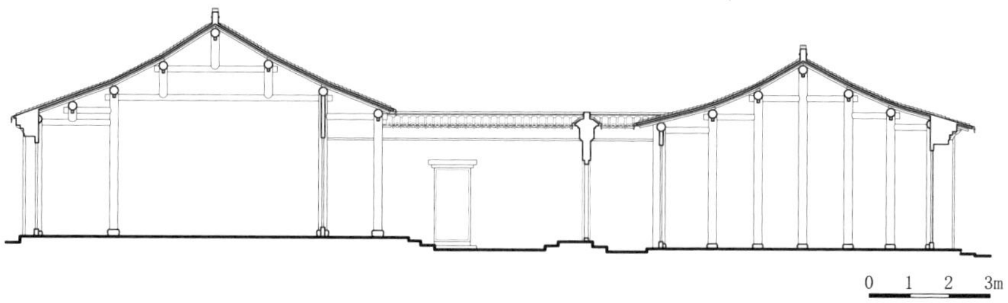

剖面图

青果巷61号民居

建于清中晚期

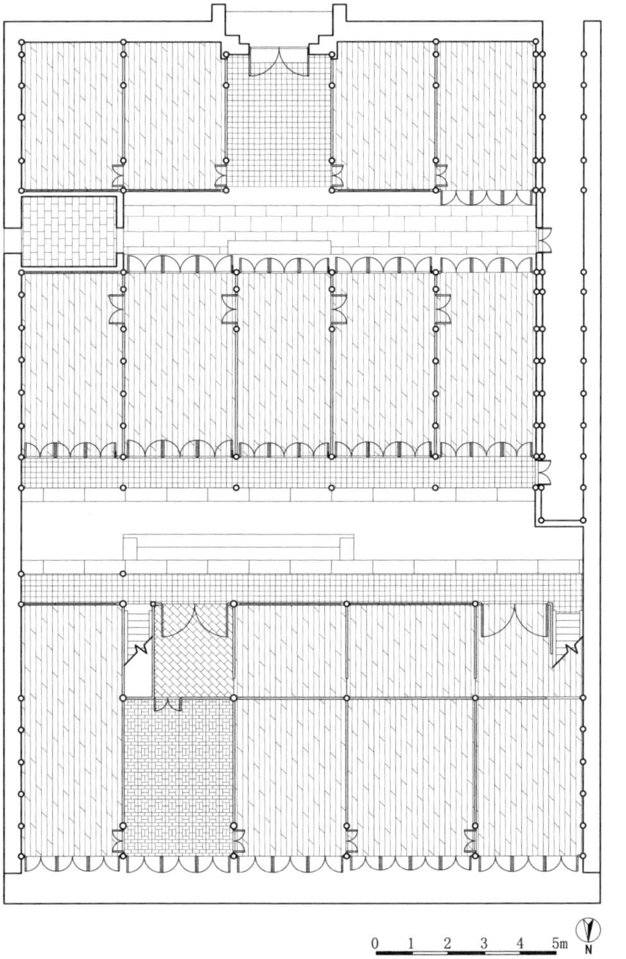

一层平面图

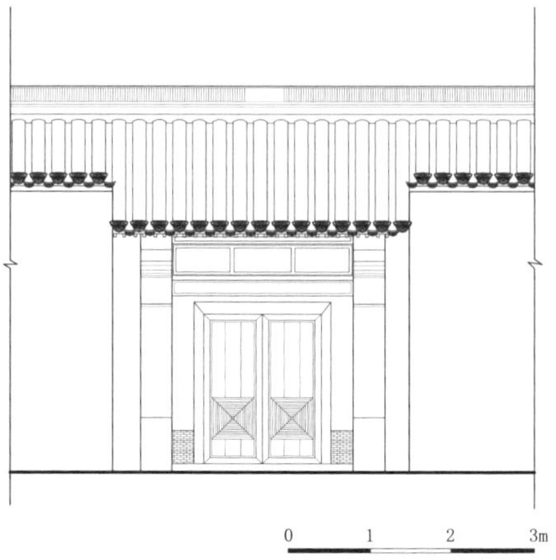

南立面图

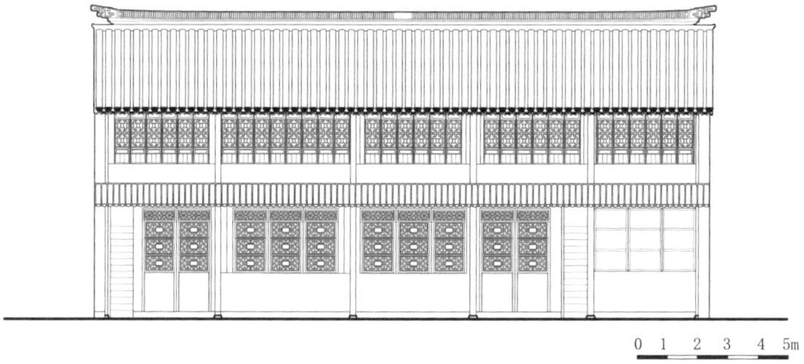

北立面图

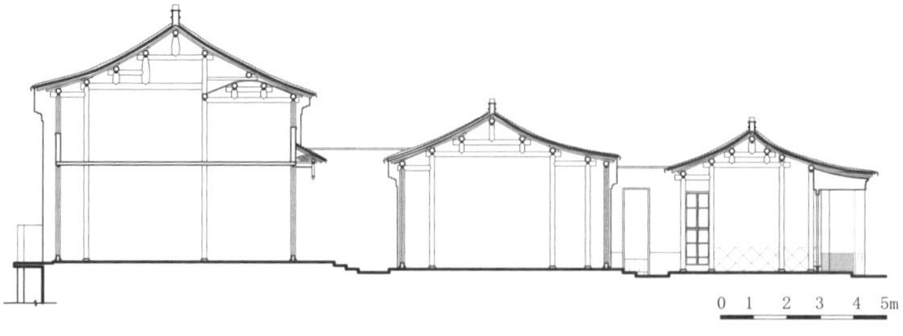

剖面图

青果巷银楼

建于清末民初

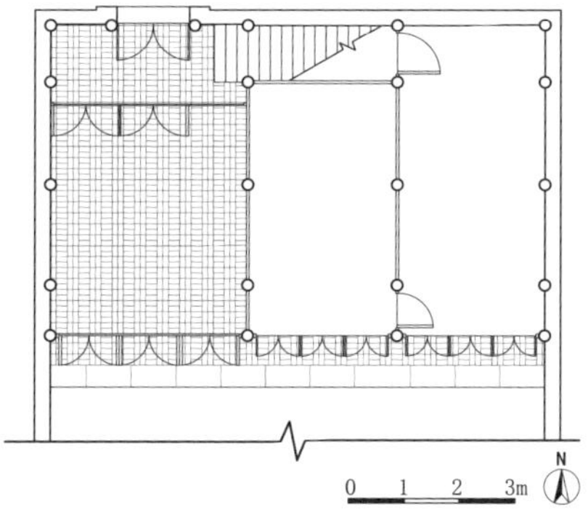

一层平面图

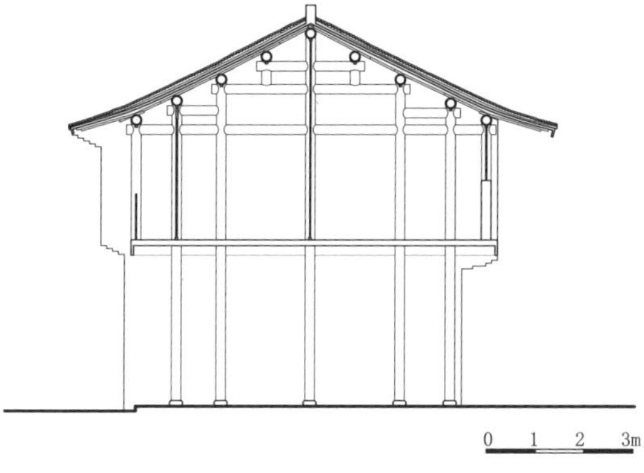

剖面图

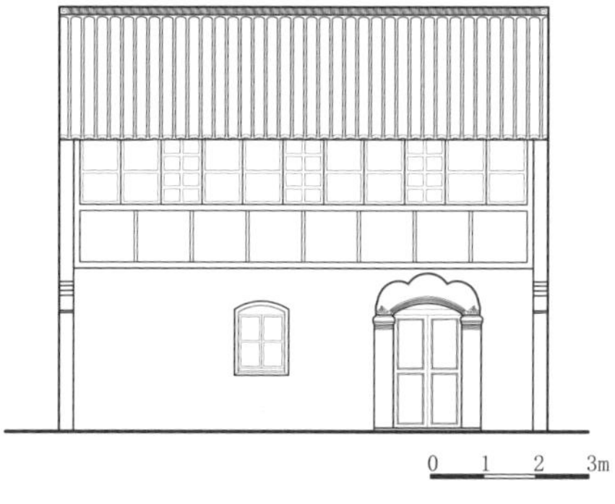

北立面图

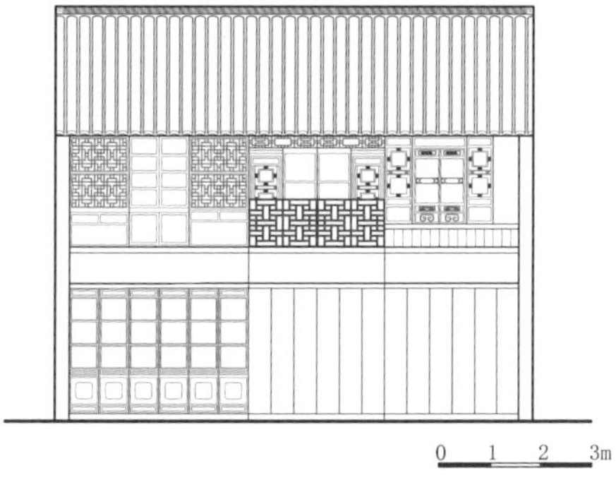

南立面图

南河沿15号民居

建于民国初年

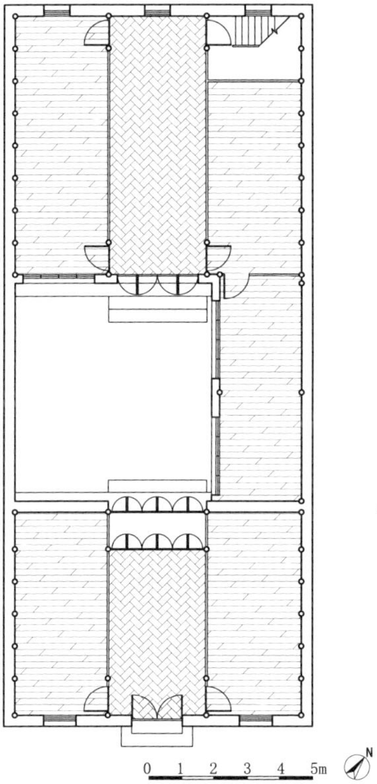

一层平面图

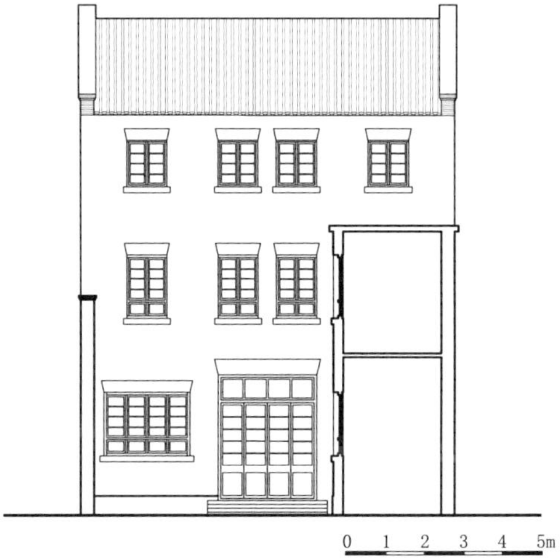

院落南立面图

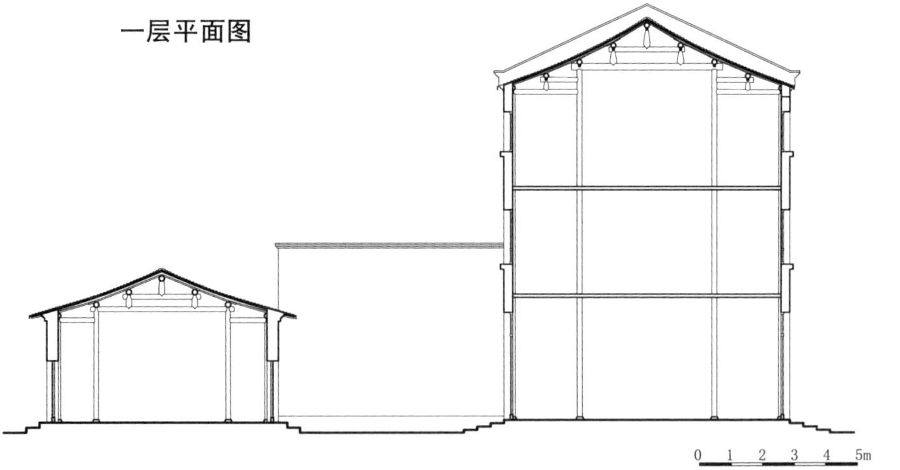

剖面图

南河沿30号民居

建于清中晚期

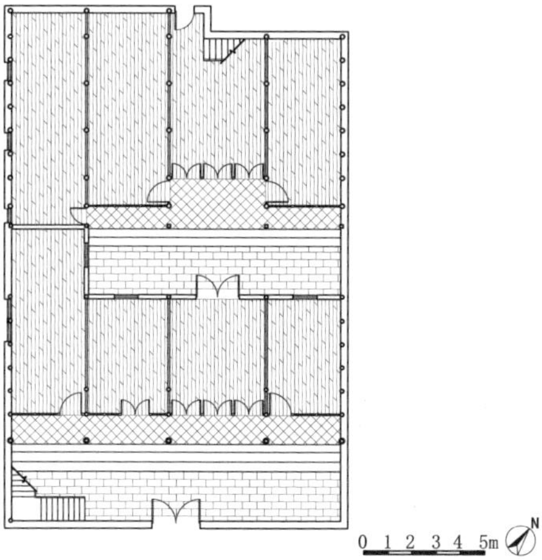

一层平面图

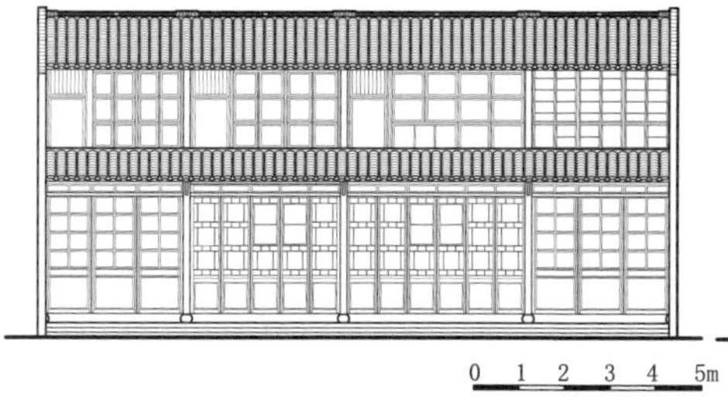

一进楼厅立面图

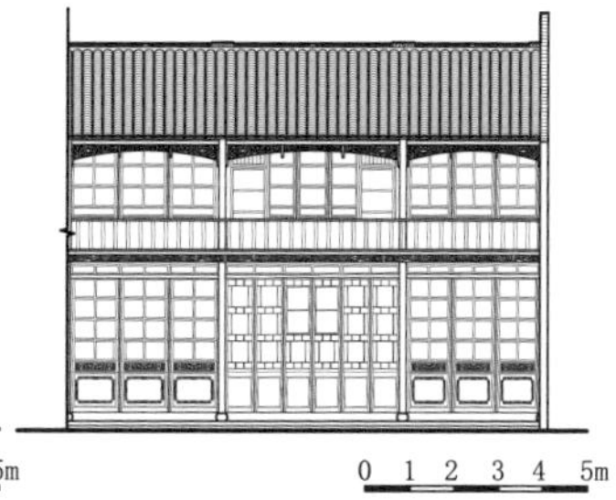

二进楼厅立面图

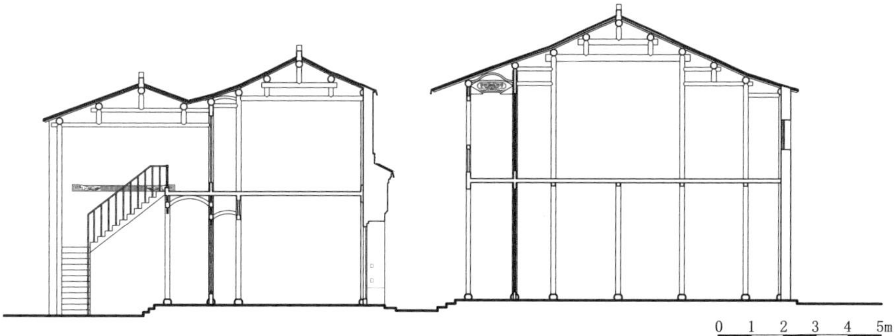

剖面图

魏村书场

建于清末民初

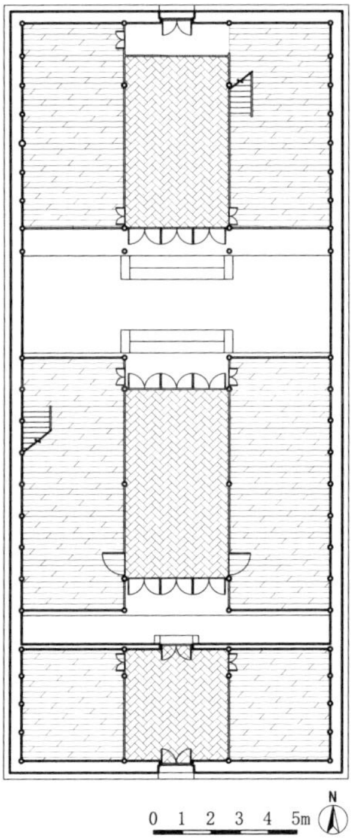

一层平面图

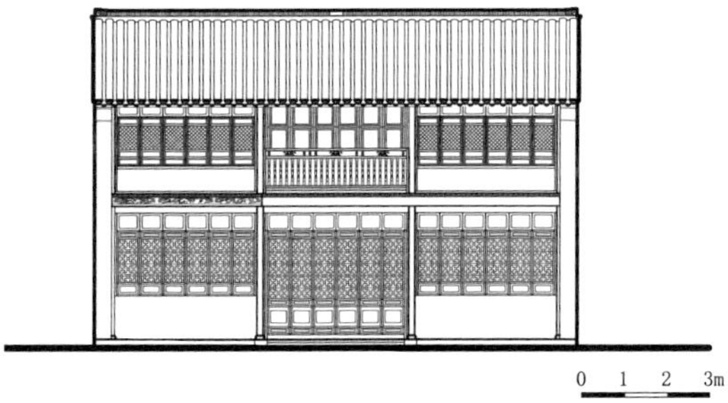

一进楼厅北立面图

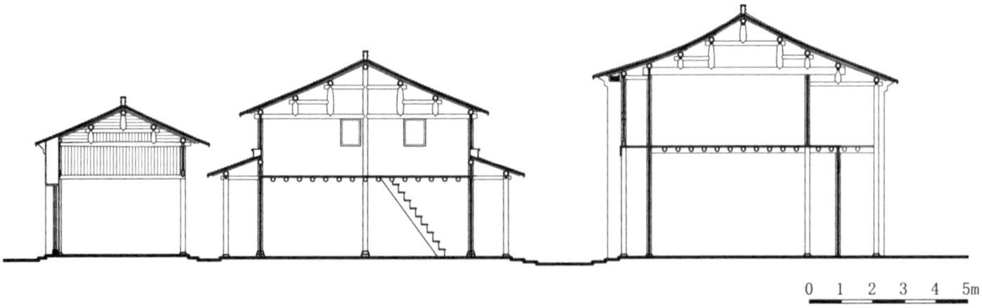

剖面图

孟河巢渭芳故居

建于1908年

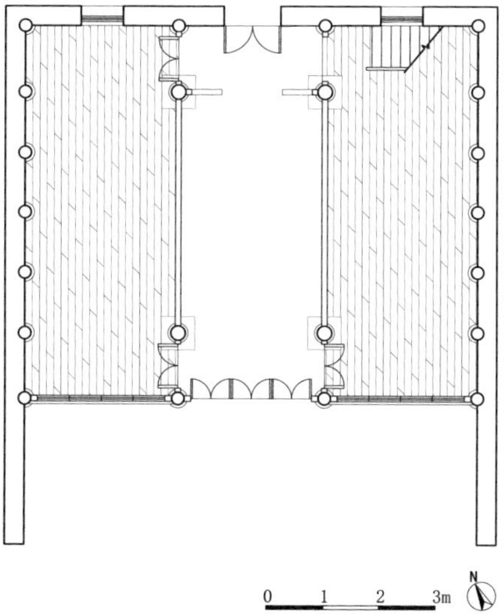

一层平面图

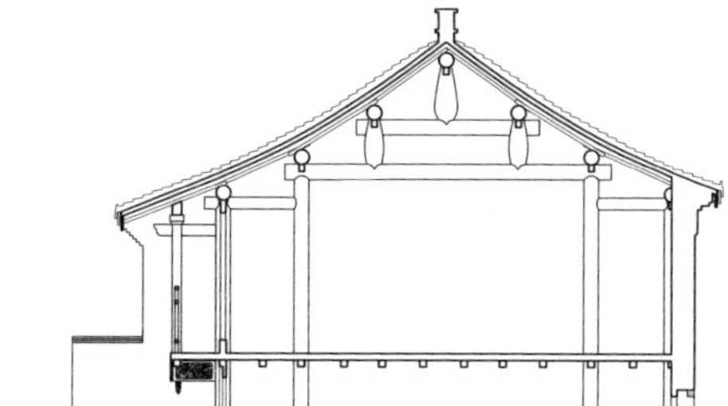

剖面图

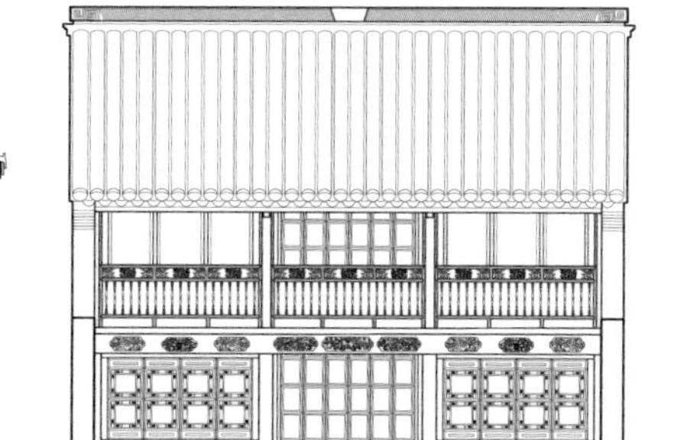

南立面图

孟城北街30、31号民居

建于清晚期

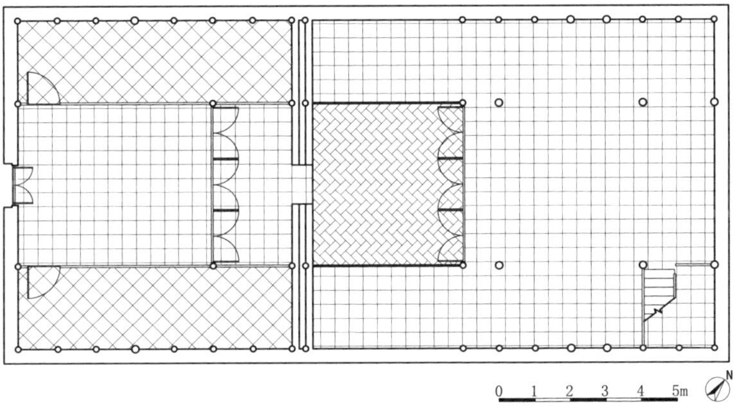

一层平面图

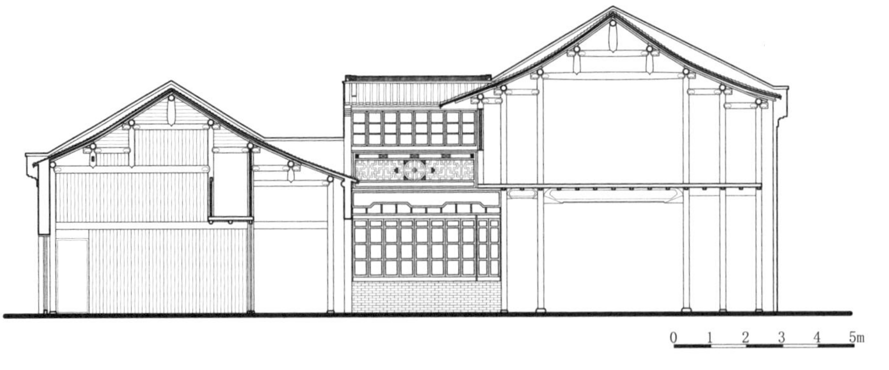

剖面图

孟河益泰酱园

建于清末民初

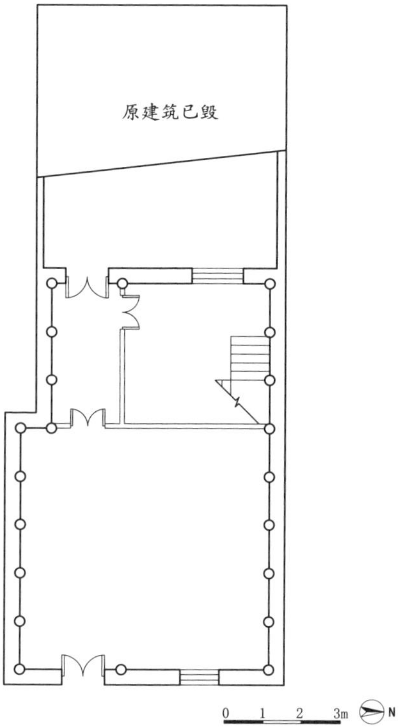

一层平面图

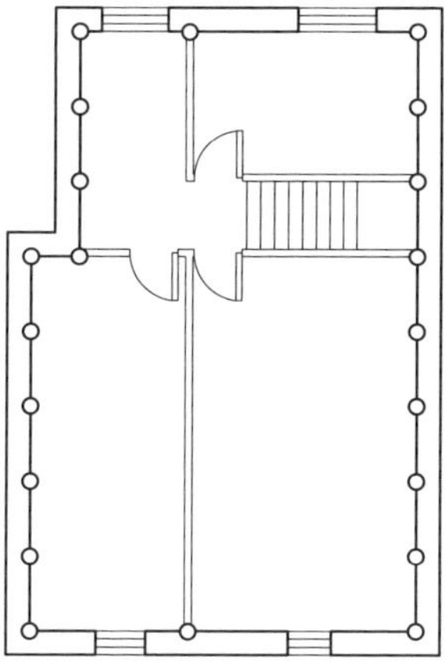

二层平面图

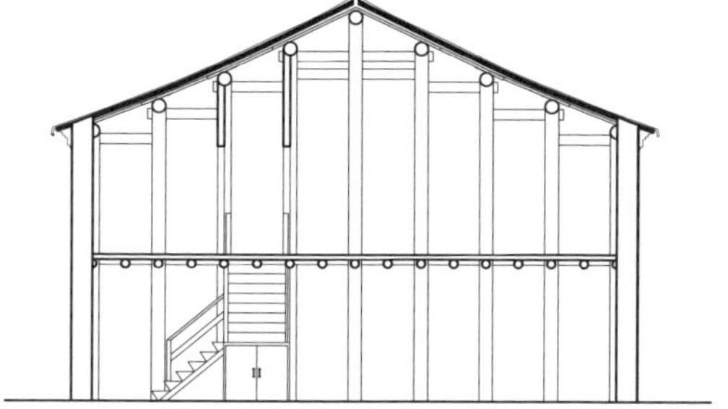

剖立面图

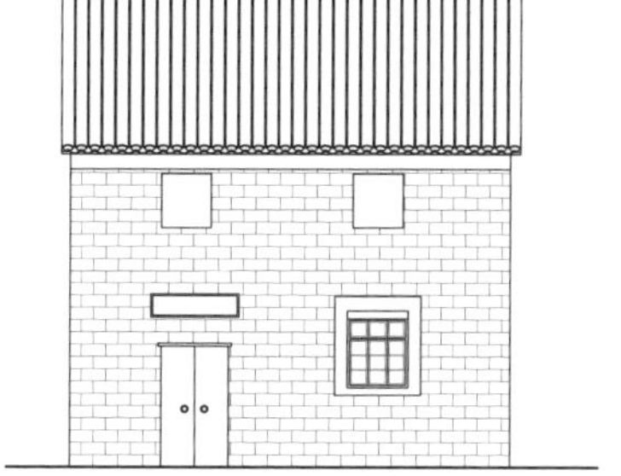

东立面图

孟河客栈

建于清末

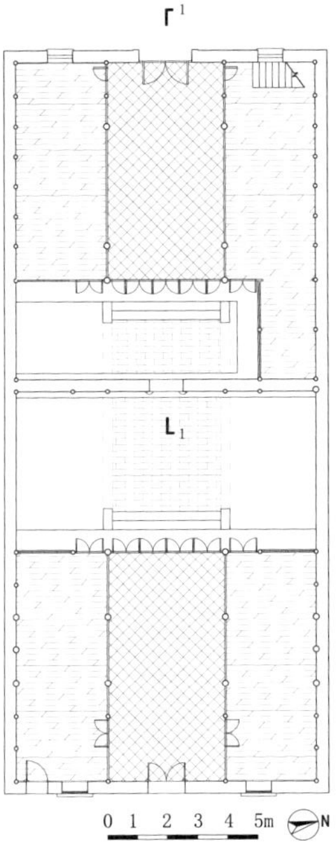

一层平面图

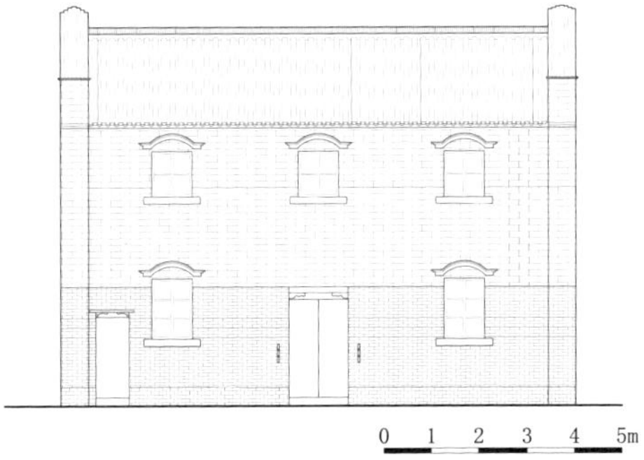

正屋东立面图

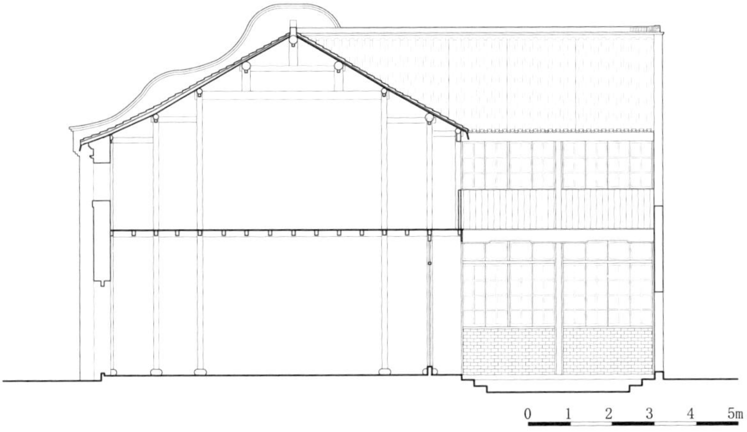

1-1剖立面图

杨桥丁家塘丁宅10号

建于清中晚期

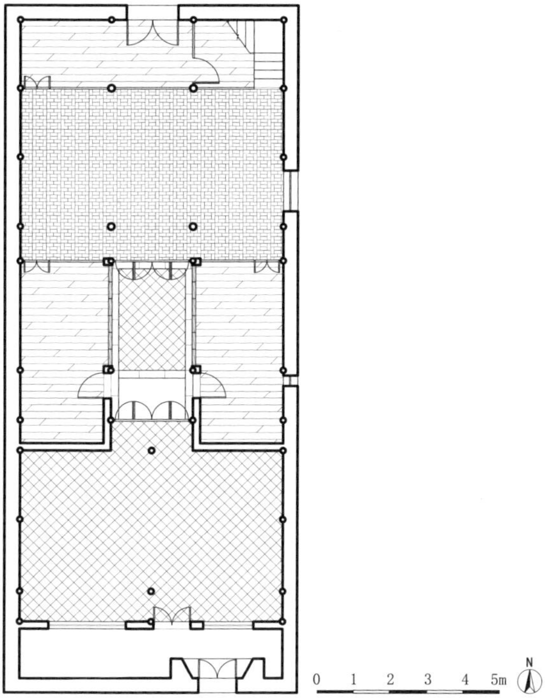

一层平面图

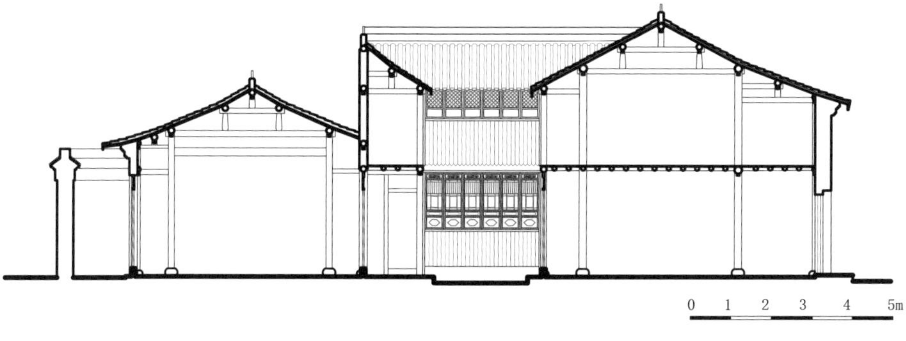

剖立面图

镇江

英国领事馆建筑群
英租界工部局
税务司公馆
清军水师标统署
镇江铁路工务分段
老邮局
江苏省会测候所
江苏省长途电话交换所
美孚火油公司
金山饭店
新旅社
唐老一正斋膏药店
镇江商会
五卅演讲厅
绍宗藏书楼
江苏省立镇江图书馆
崇实女中
崇德小学
蒋怀仁诊所
妇孺医院
基督医院
世界红十字会镇江分会
毕尔素医院
福音堂
益民二场蚕室
镇江海关宿舍
赛珍珠故居
屠家骅公寓
大康新村
吉庆里

英国领事馆建筑群

始建于1864年，1890年重建

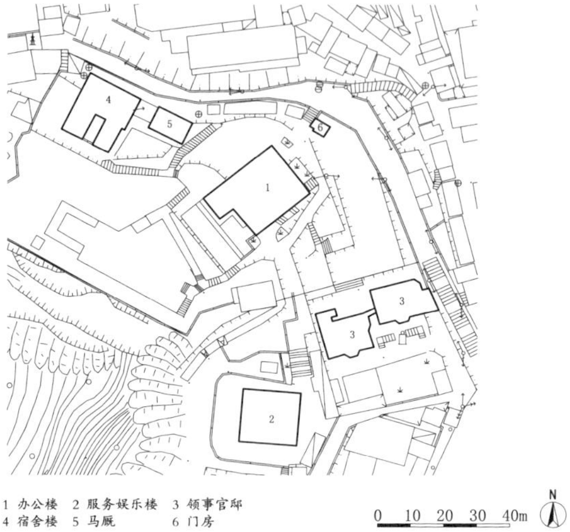

建筑群总平面图

办公楼东南立面图

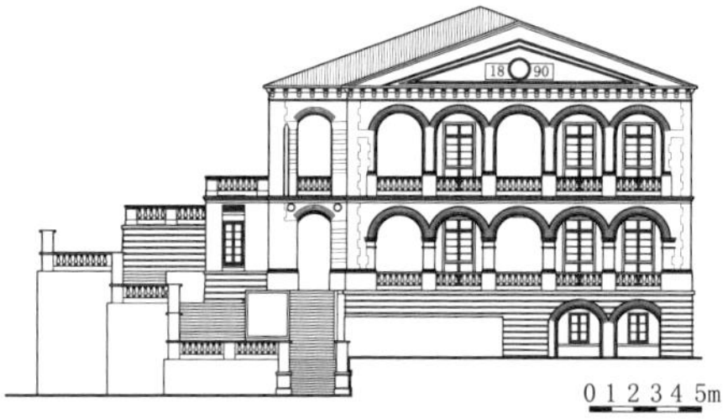

办公楼东北立面图

宿舍楼东南立面图

宿舍楼东北立面图

英租界工部局

建于1890年

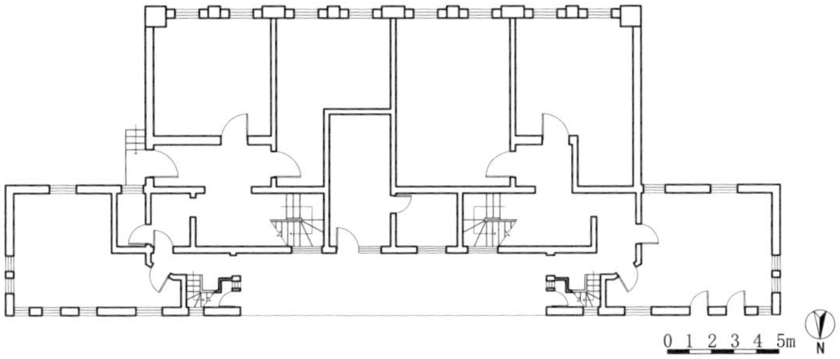

一层平面图

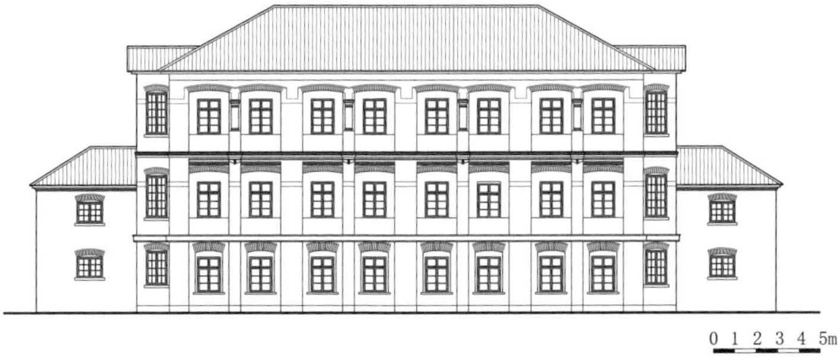

南立面图

北立面图

税务司公馆

建于1865年

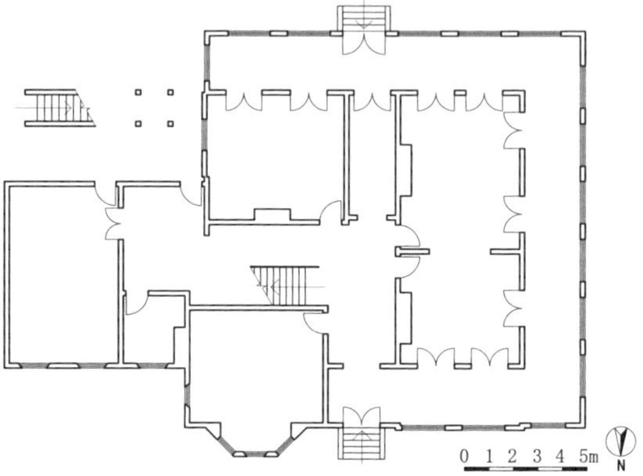

一层平面图

北立面图

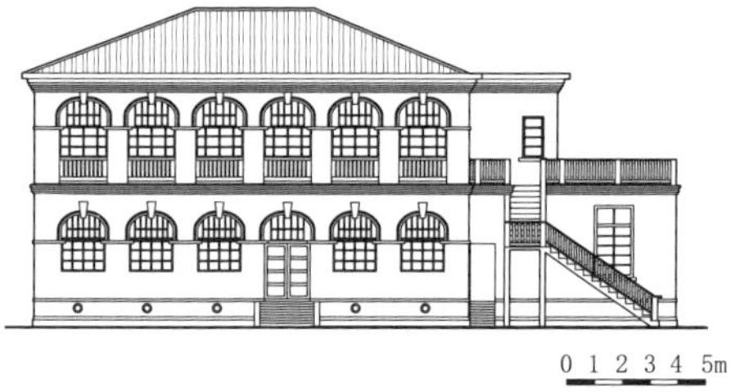

南立面图

东立面图

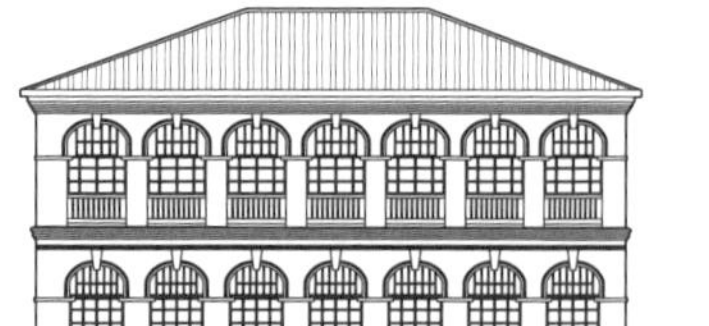

东立面图

清军水师标统署

建于清光绪年间

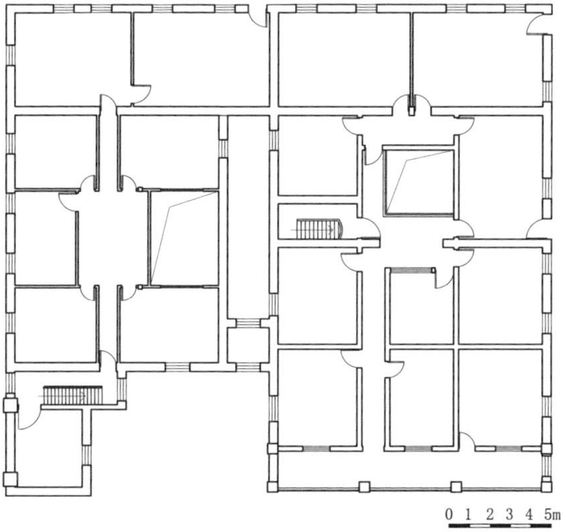

一层平面图

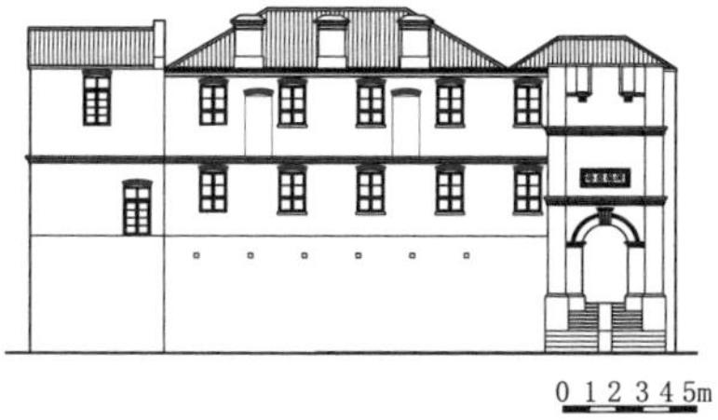

西立面图

南立面图

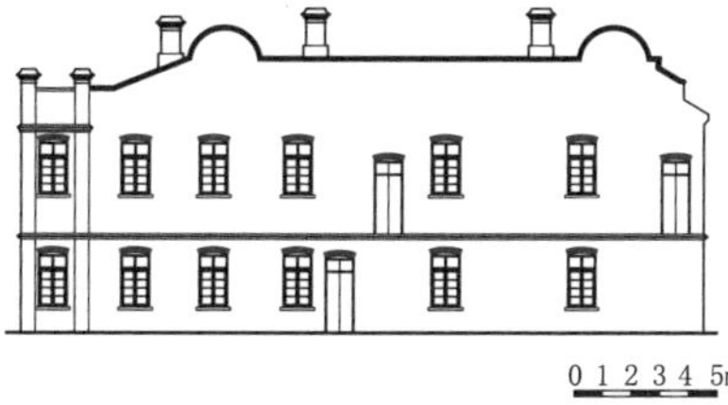

东立面图

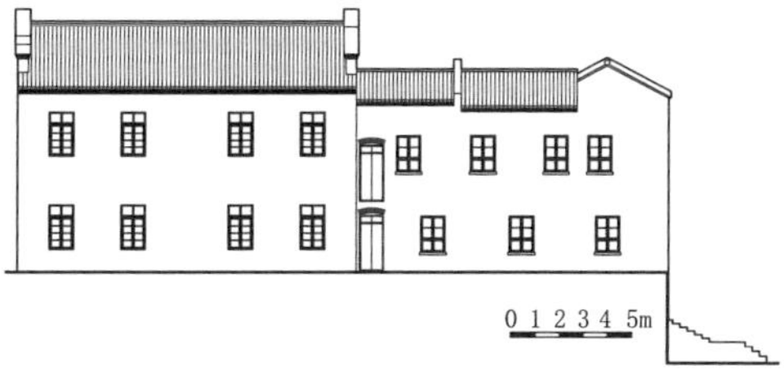

北立面图

镇江铁路工务分段

建于1918年

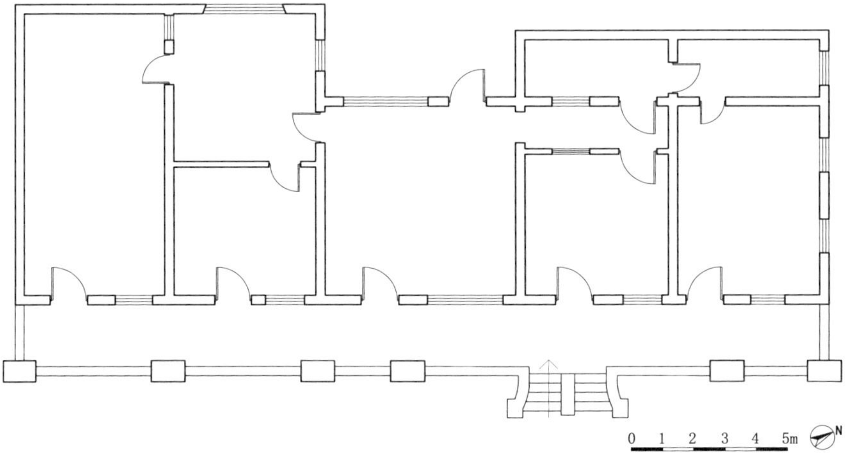

平面图

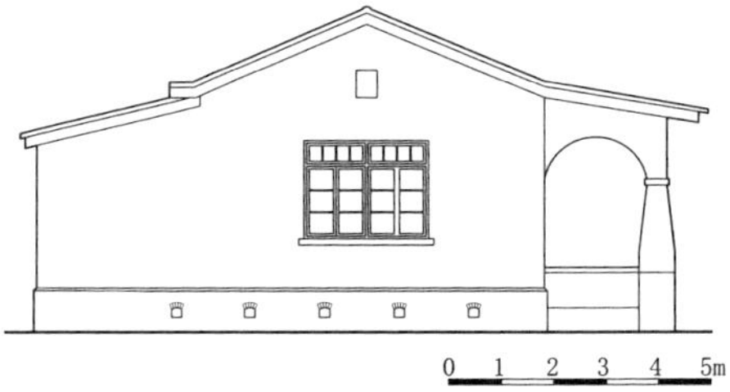

南立面图

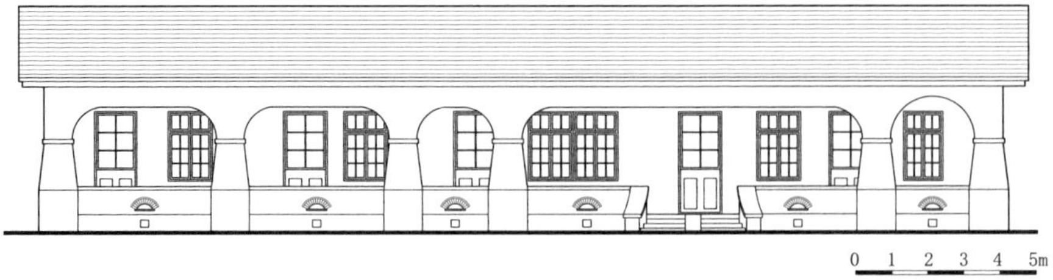

东立面图

老邮局

建于1921年

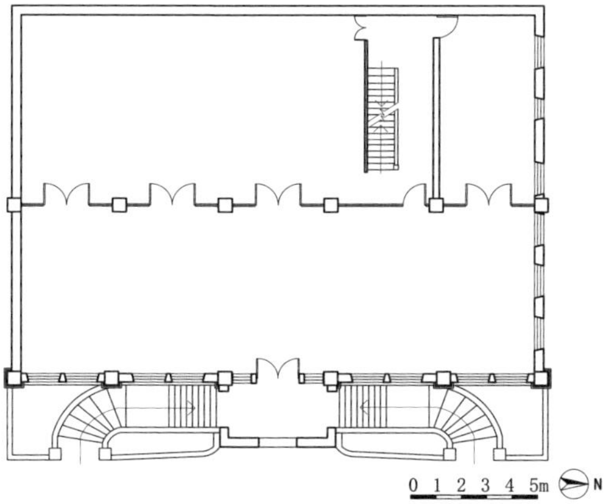

一层平面图

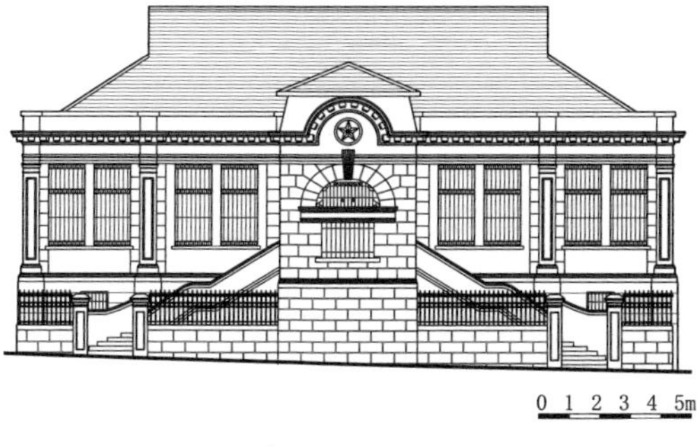

东立面图

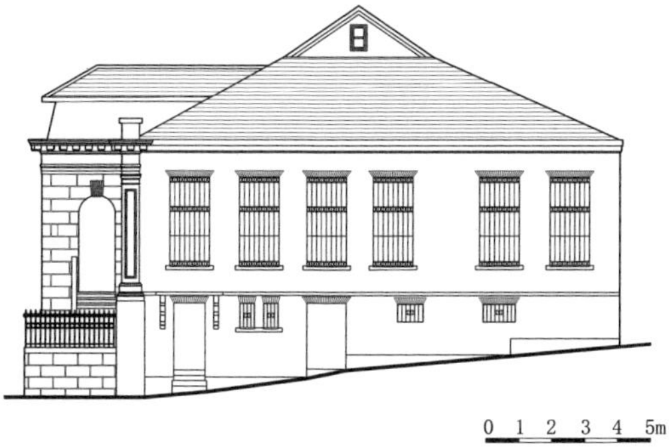

北立面图

江苏省会测候所

建于1934年

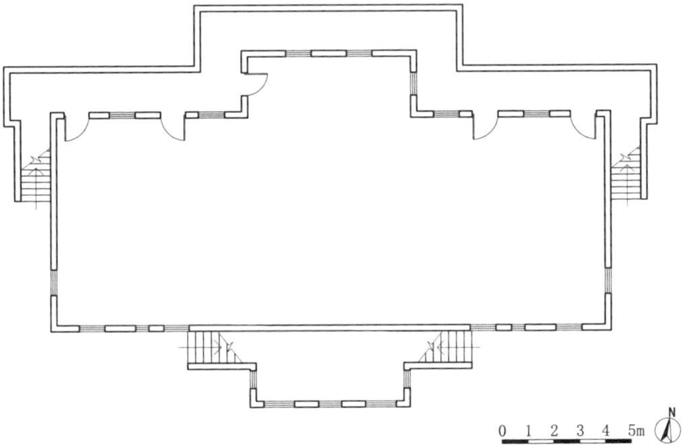

一层平面图

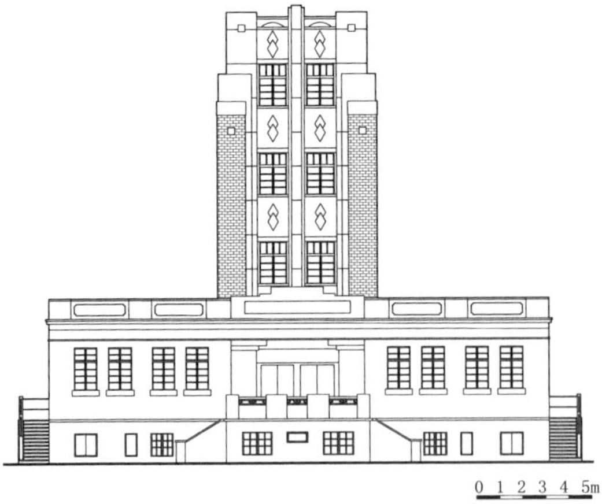

南立面图

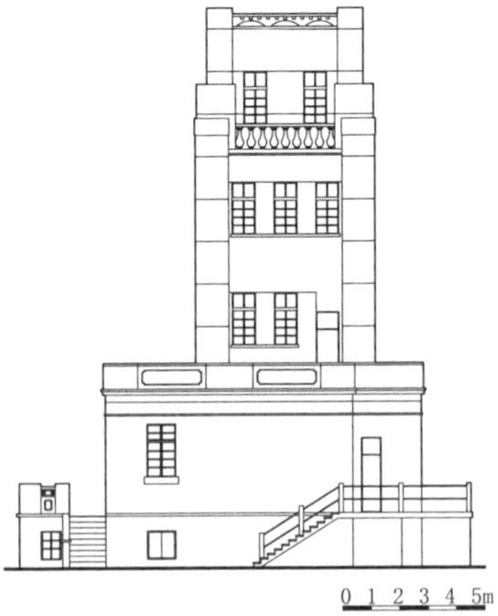

东立面图

江苏省长途电话交换所

建于1936年

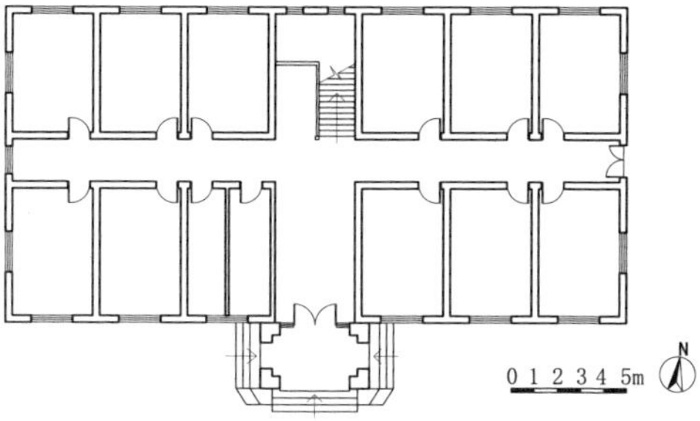

一层平面图

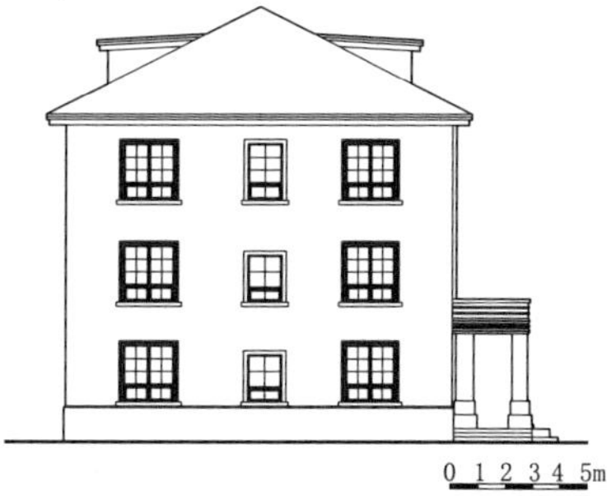

西立面图

南立面图

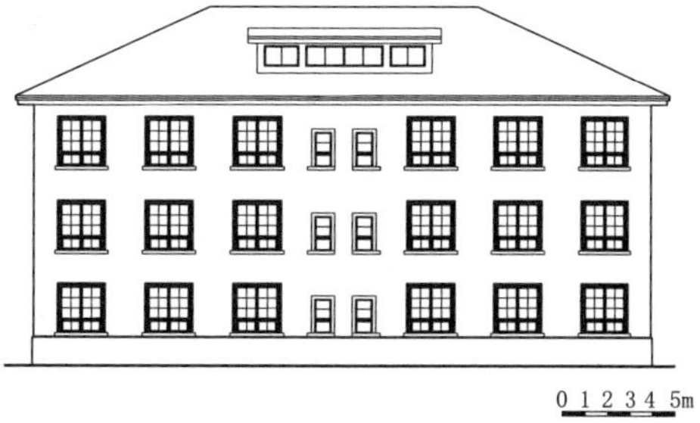

北立面图

美孚火油公司

建于1906年

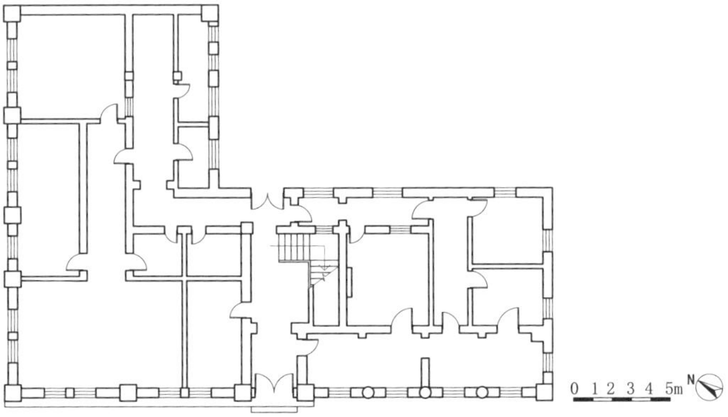

一层平面图

西立面图

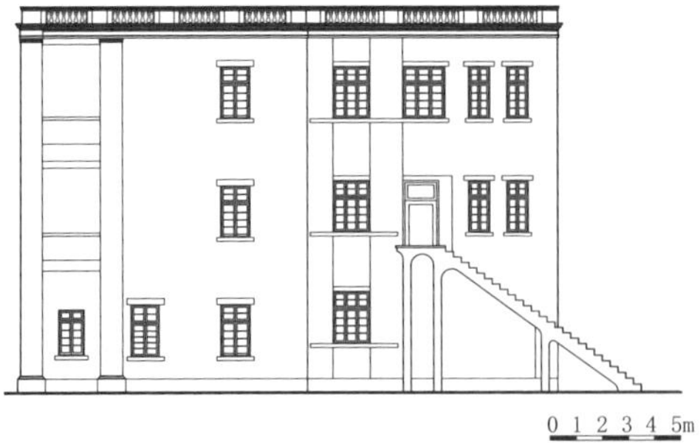

南立面图

北立面图

金山饭店

建于清末民初

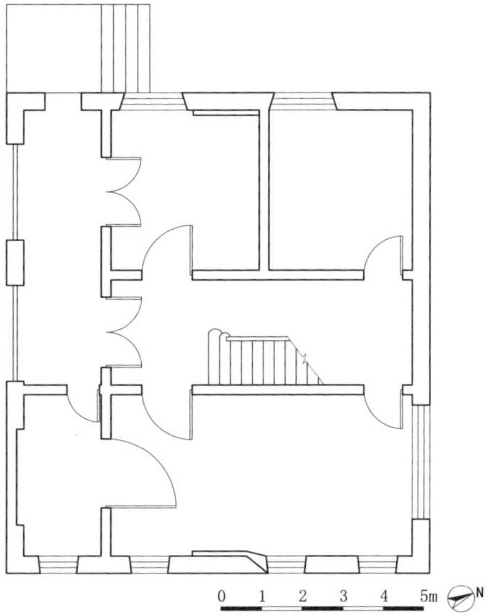

一层平面图

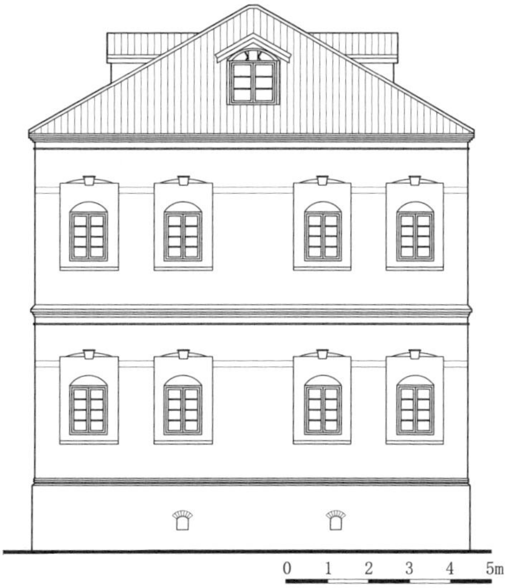

东立面图

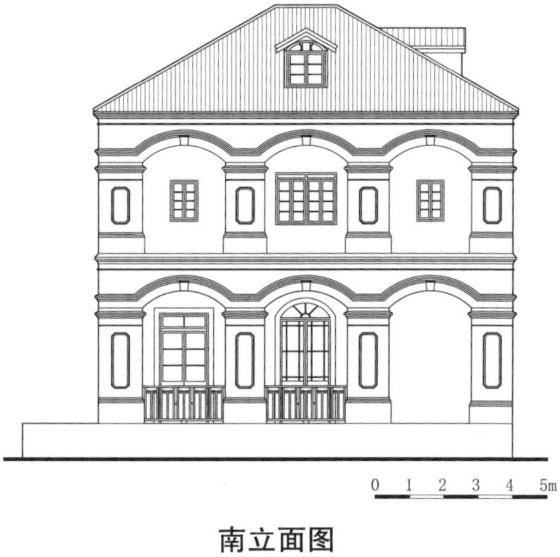

南立面图

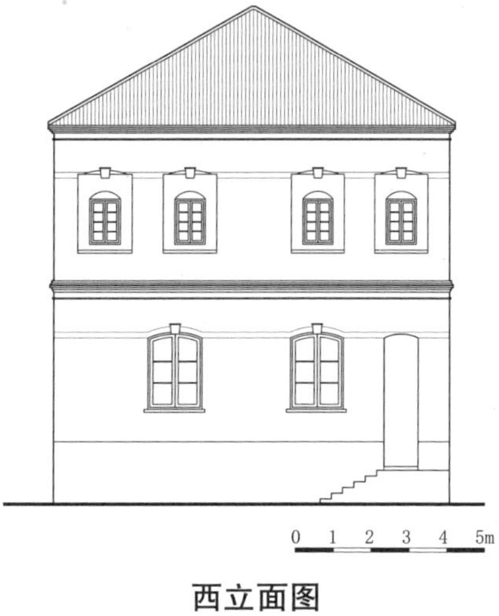

西立面图

新旅社

建于1919年

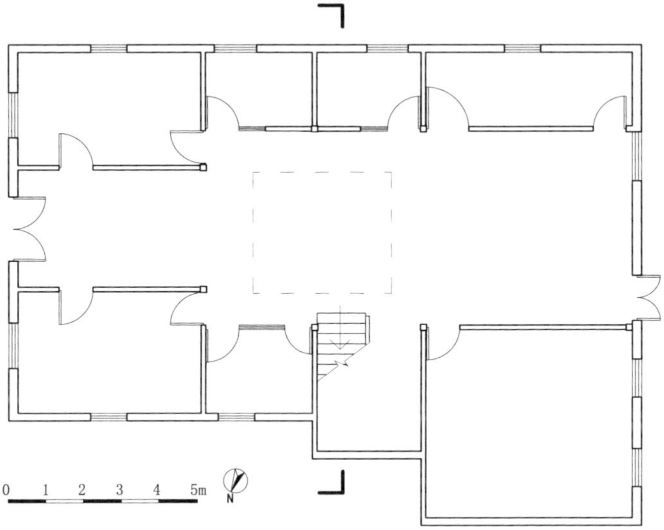

一层平面图

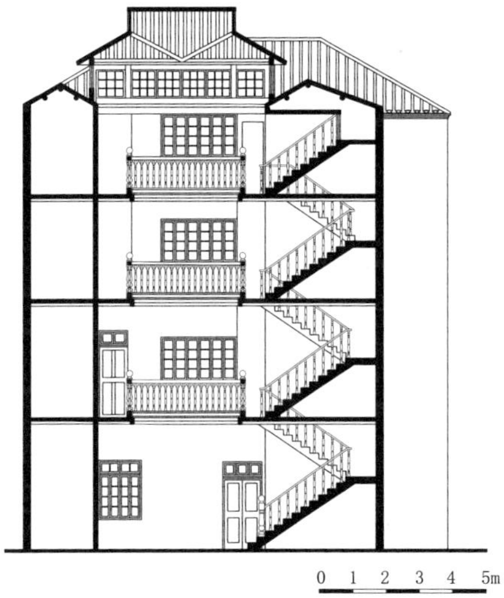

剖面图

东立面图

唐老一正斋膏药店

始建于清康熙初年，1922年重建

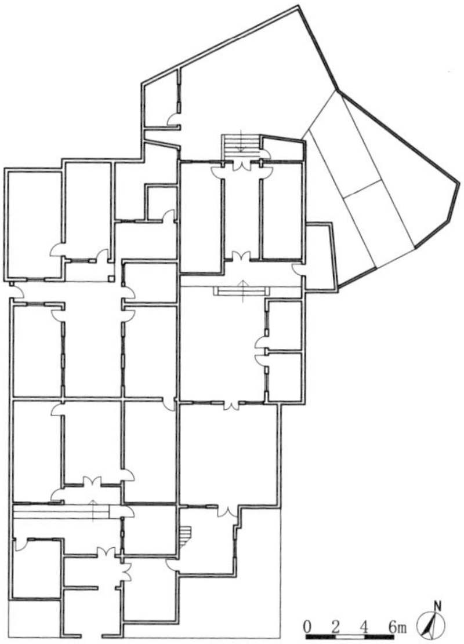

平面图

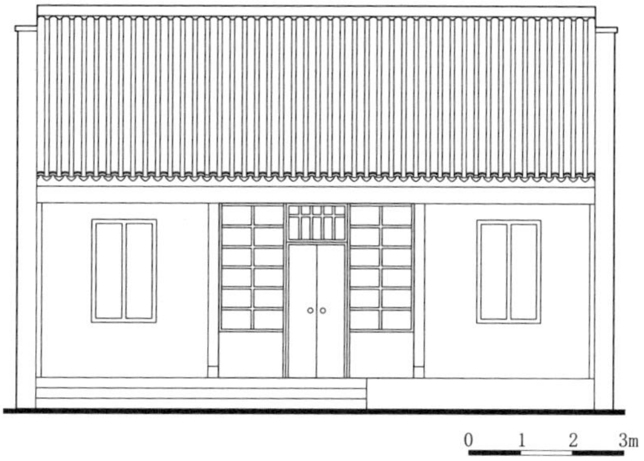

西院第一进南立面图

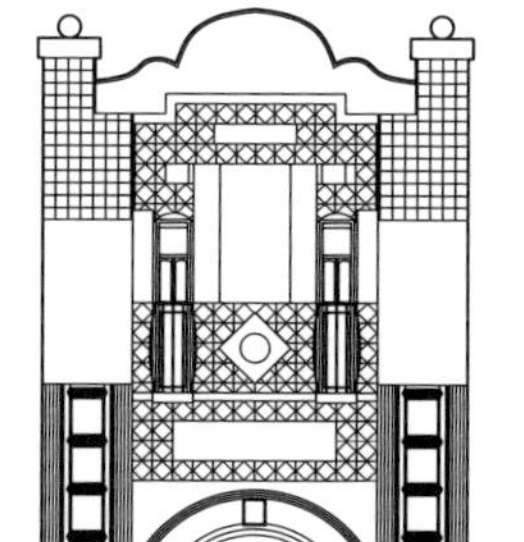

南立面门头

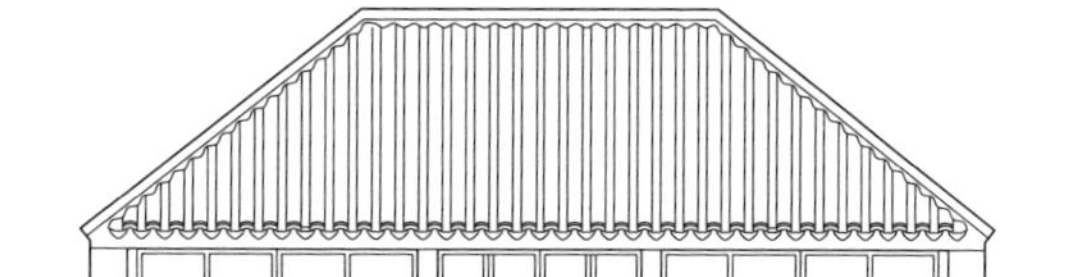

花厅南立面图

镇江商会

建于1929年

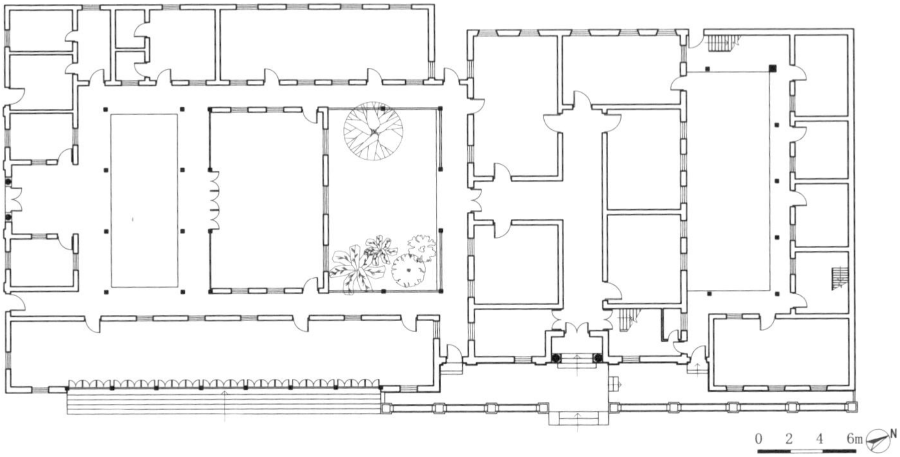

一层平面图

东立面图

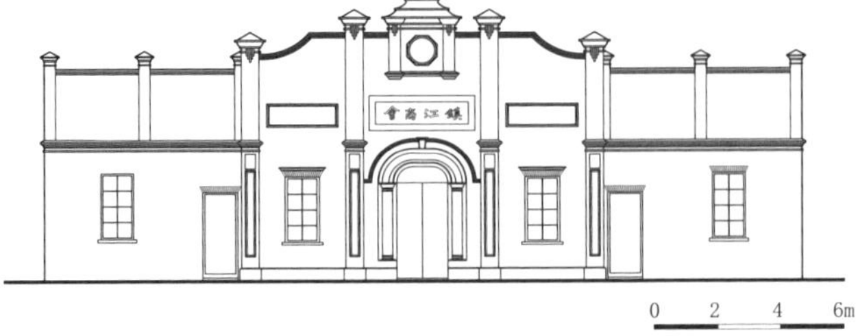

南立面图

五卅演讲厅

建于1925年

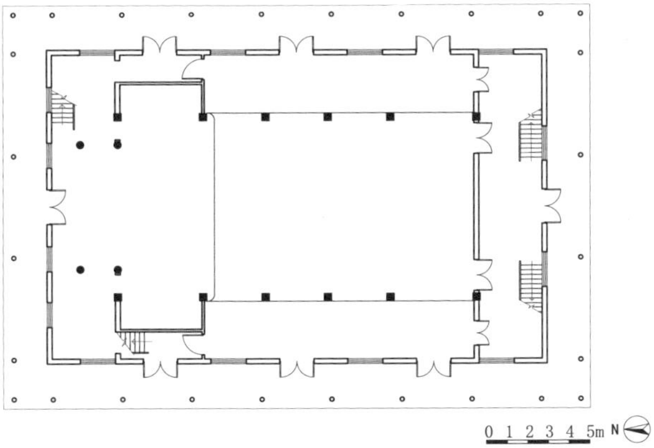

一层平面图

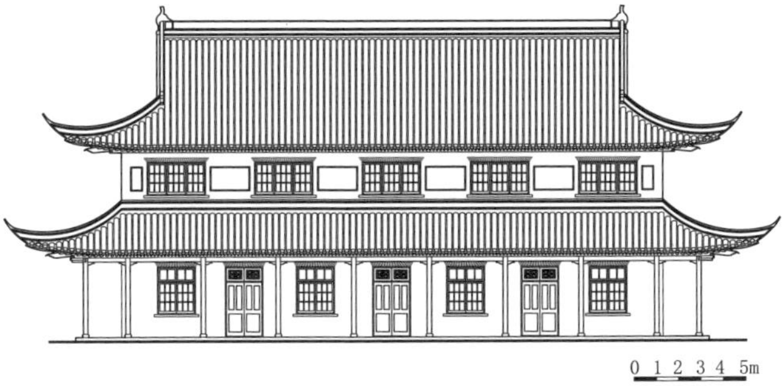

西立面图

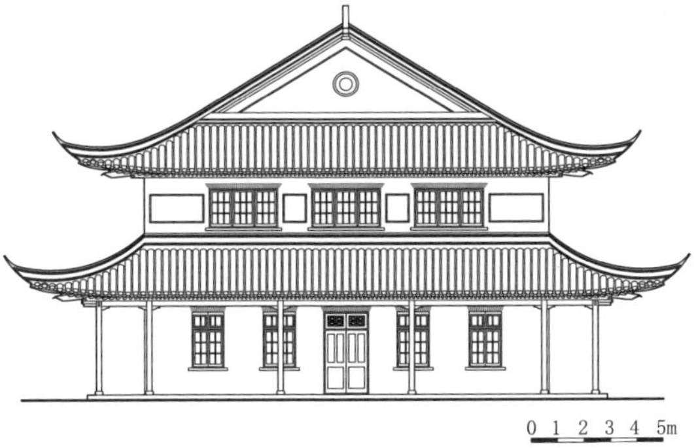

北立面图

绍宗藏书楼

建于1933年

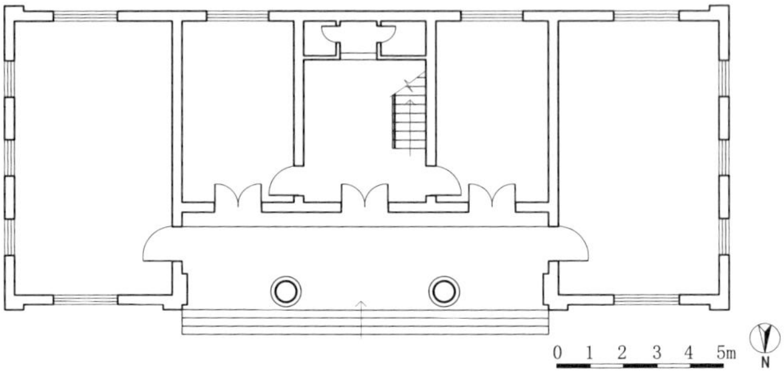

一层平面图

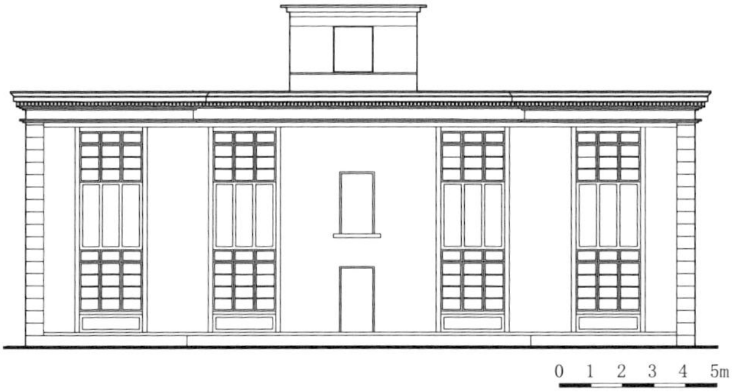

南立面图

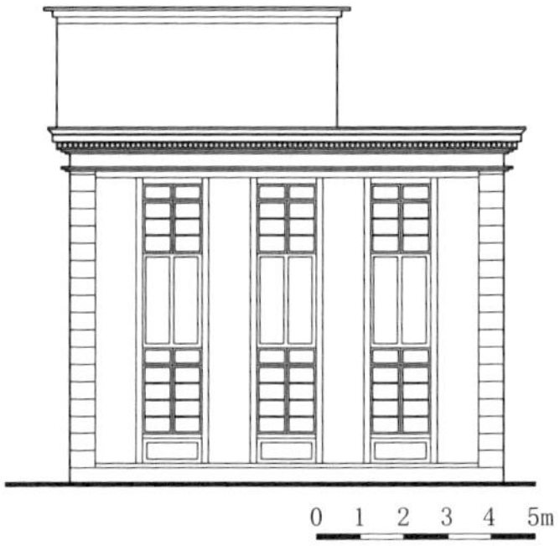

东立面图

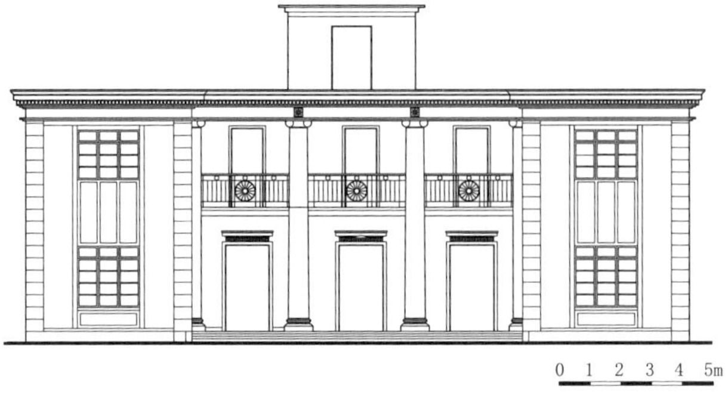

北立面图

江苏省立镇江图书馆

建于1935年

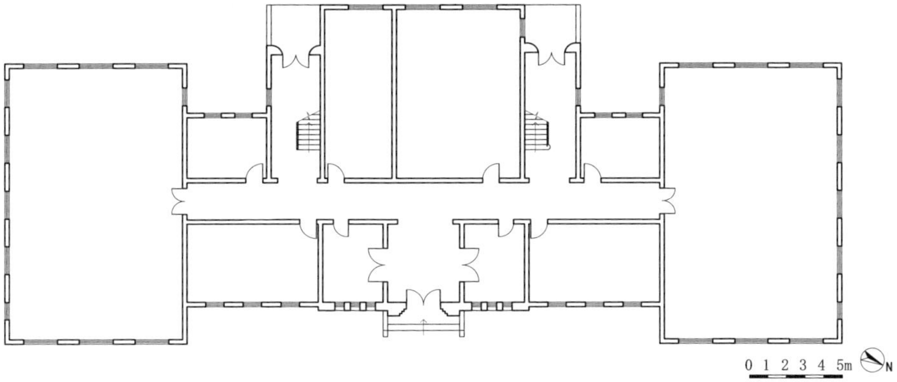

一层平面图

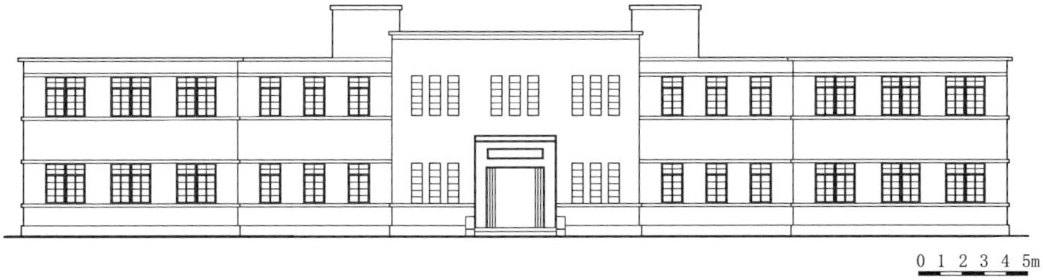

东立面图

西立面图

崇实女中

建于1884年

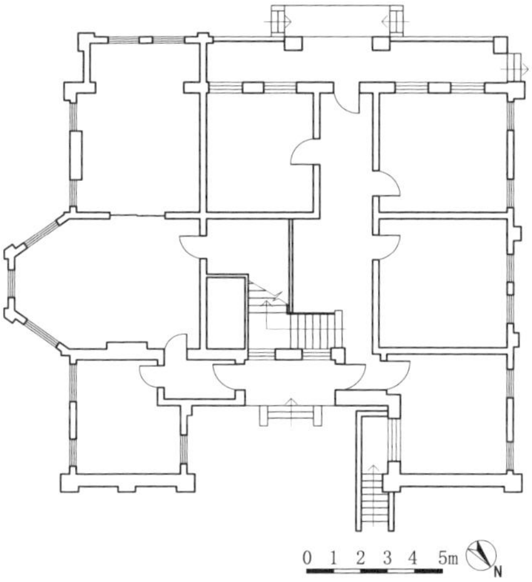

四号楼一层平面图

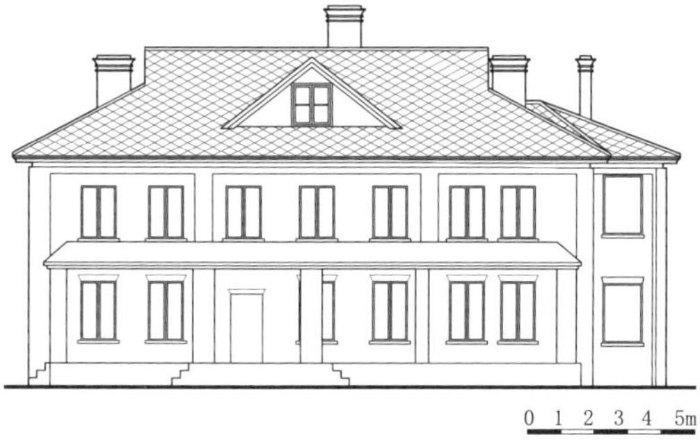

四号楼南立面图

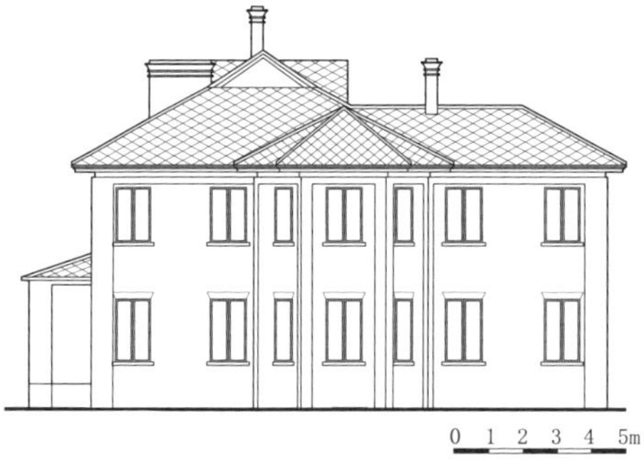

四号楼东立面图

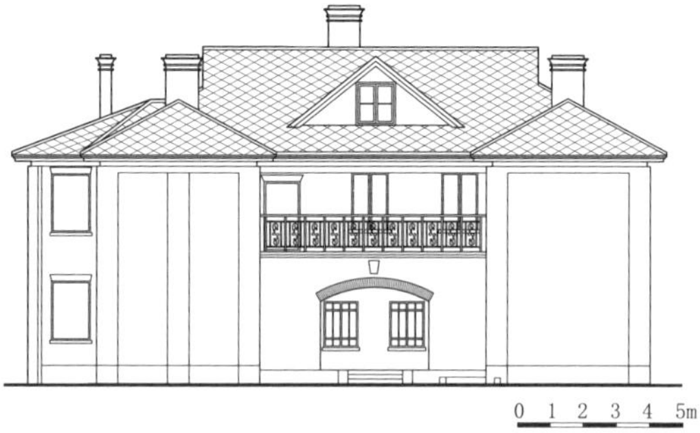

四号楼北立面图

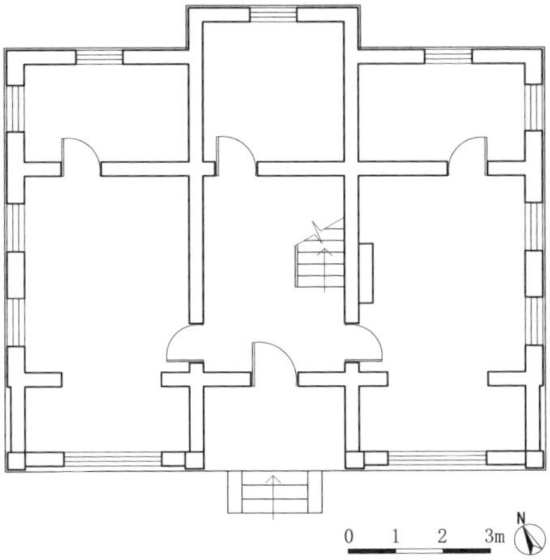

七号楼一层平面图

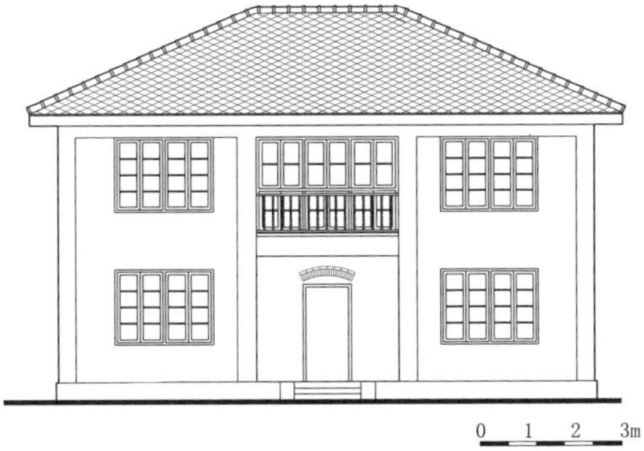

七号楼南立面图

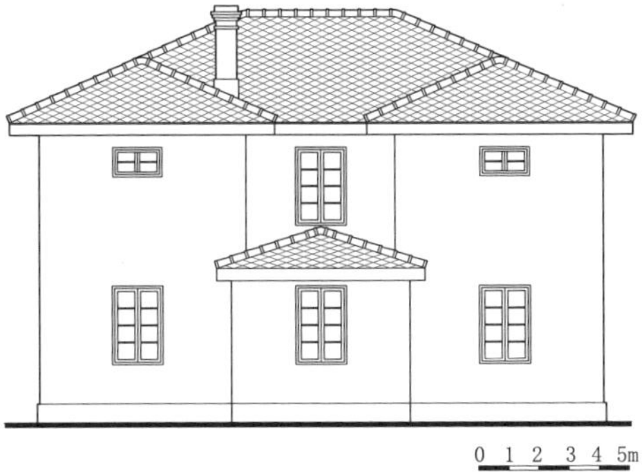

七号楼北立面图

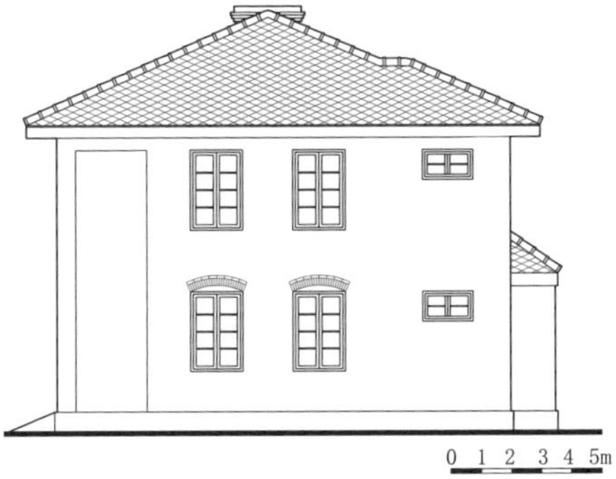

七号楼东立面图

崇德小学

建于1918年

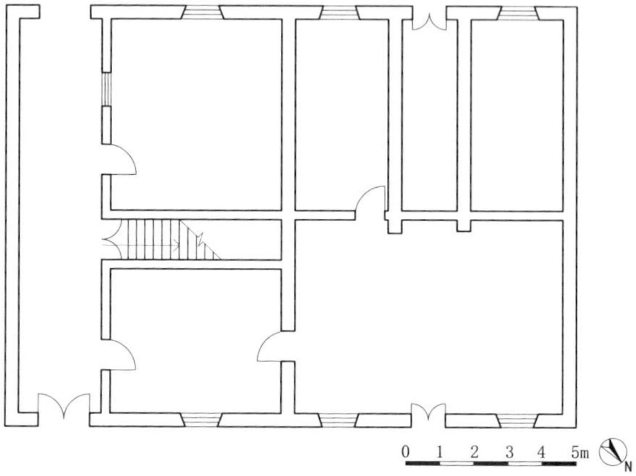

一层平面图

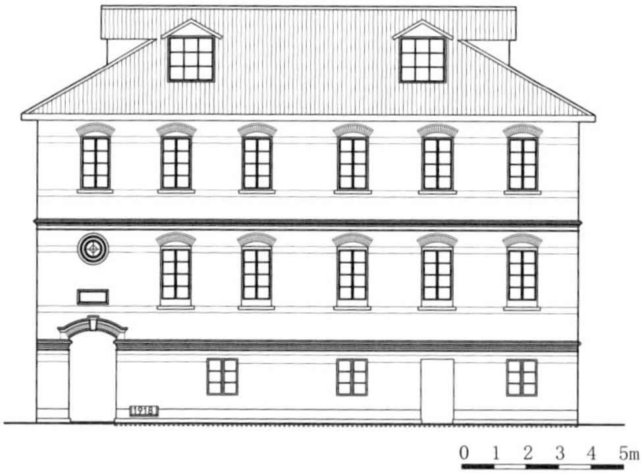

北立面图

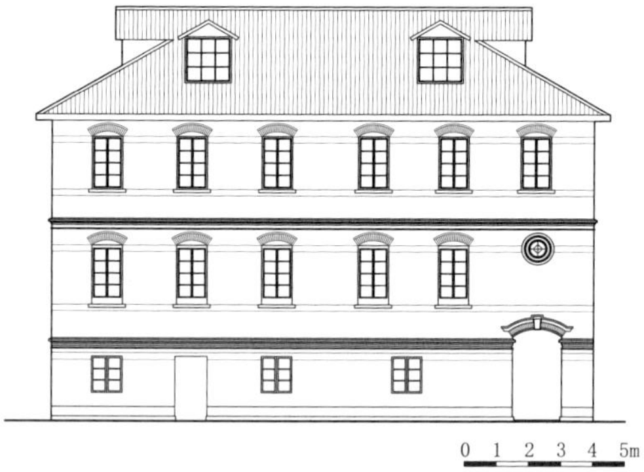

南立面图

蒋怀仁诊所

建于1907年

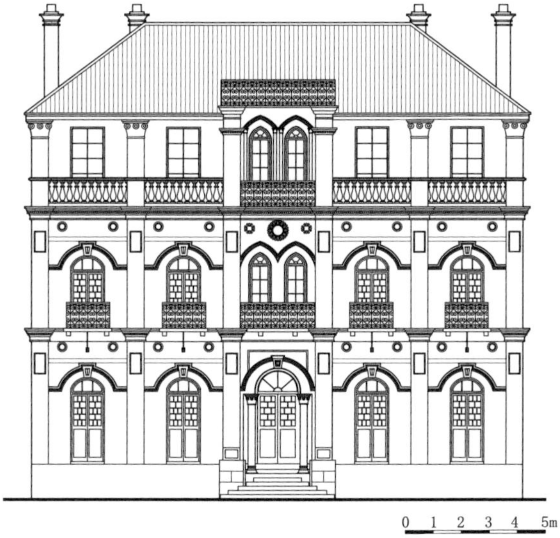

东立面图

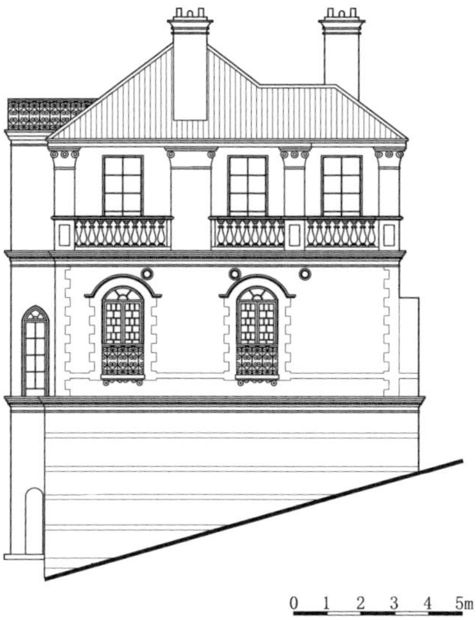

北立面图

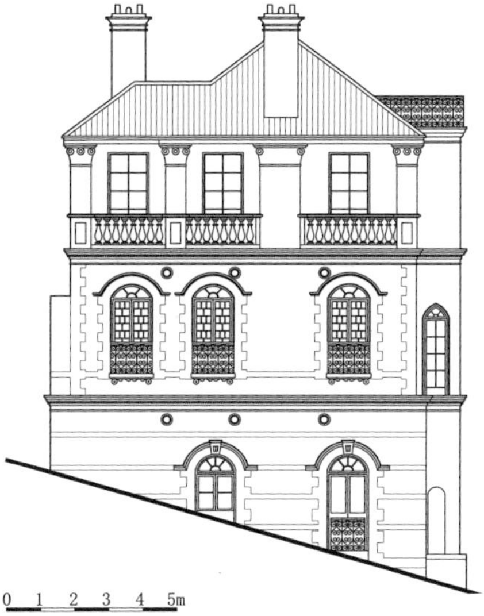

南立面图

妇孺医院

建于1914年

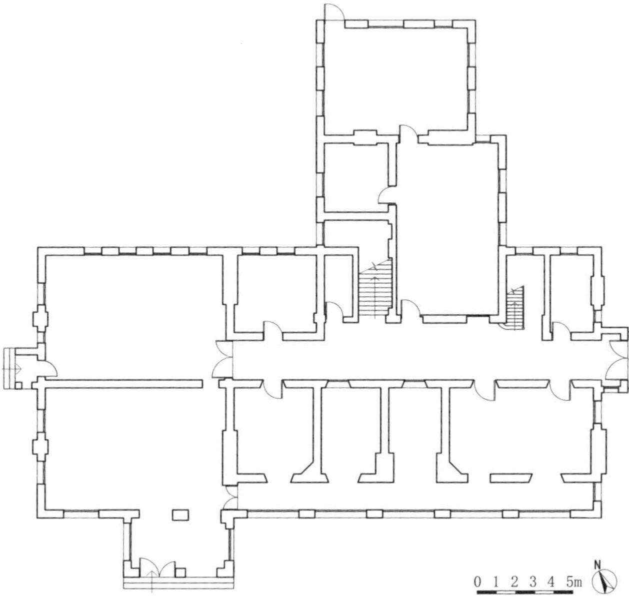

一层平面图

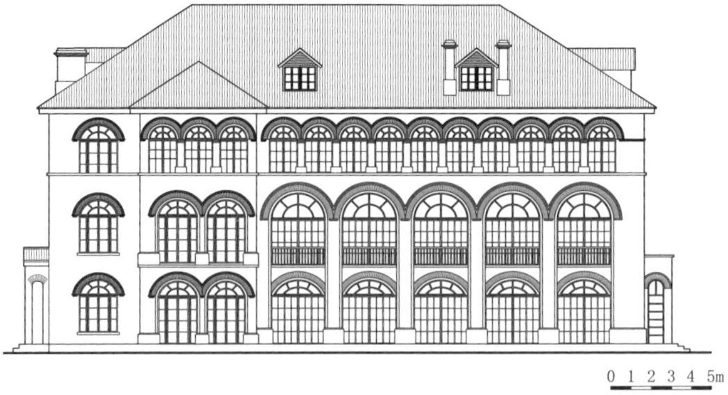

南立面图

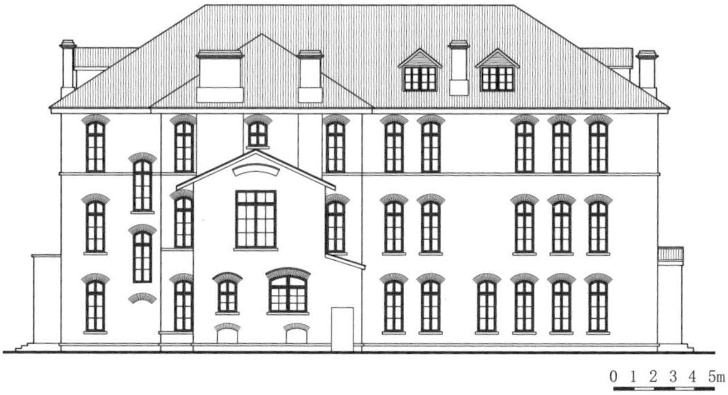

北立面图

东立面图

西立面图

基督医院

建于1922年

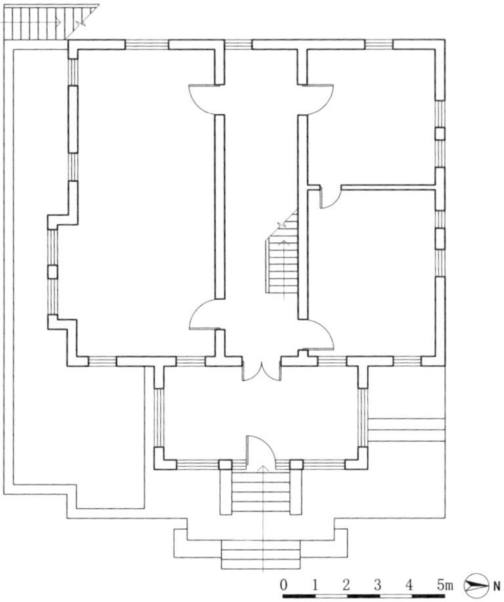

一层平面图

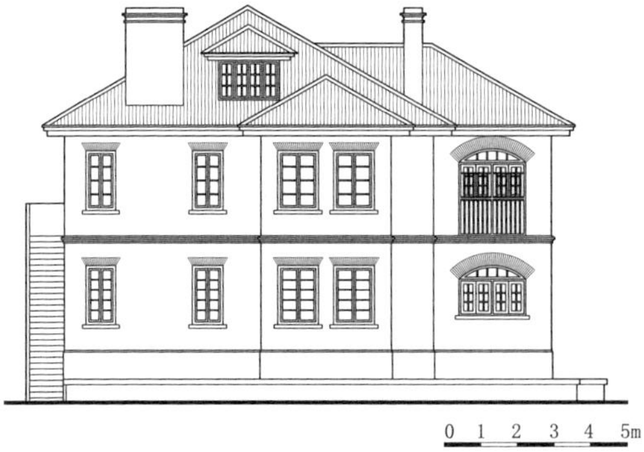

南立面图

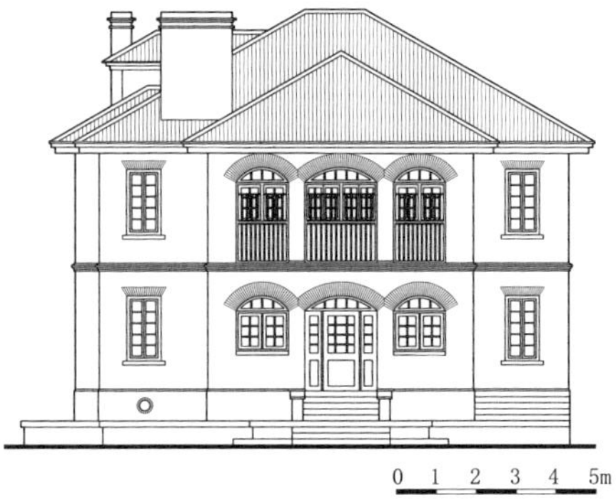

东立面图

世界红十字会镇江分会
建于1923年，1934年扩建

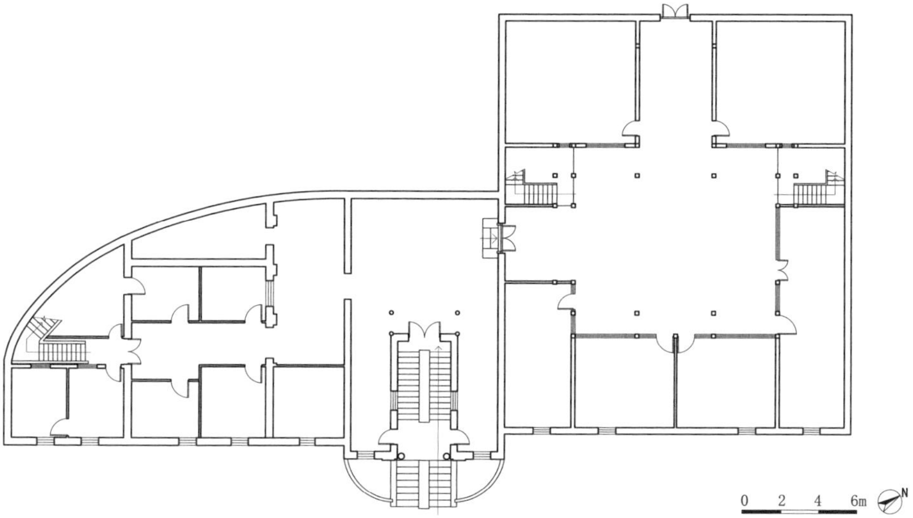

一层平面图

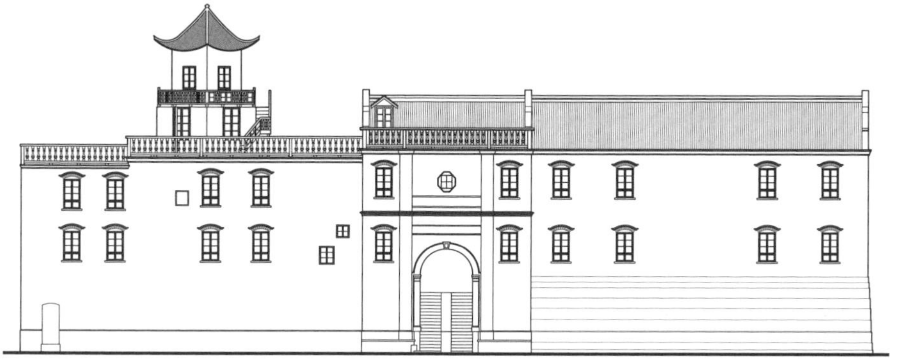

东南立面图

毕尔素医院

复建于20世纪30年代

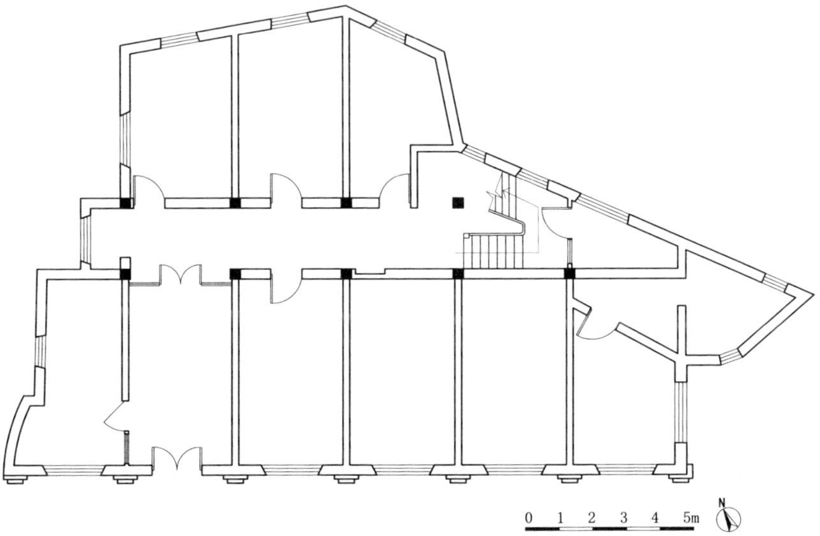

一层平面图

东南立面图

福音堂

建于1889年

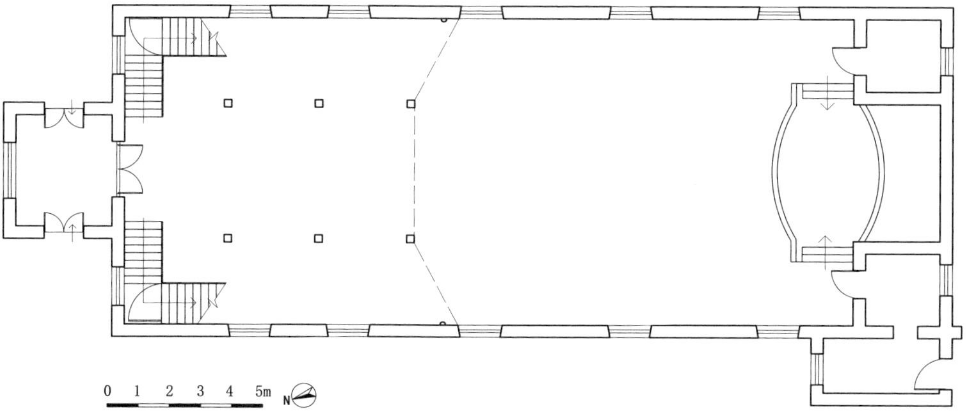

一层平面图

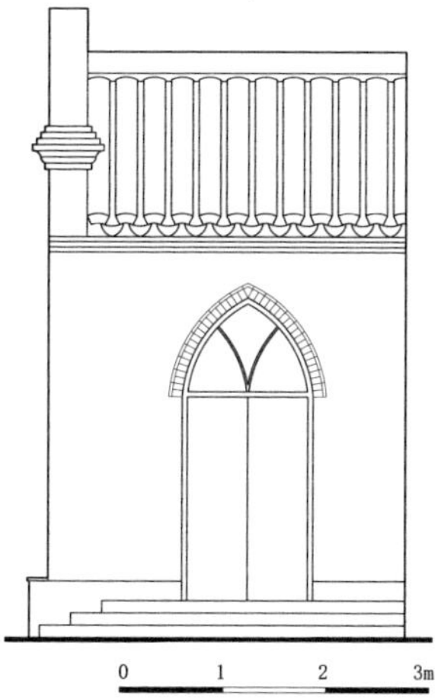

局部立面图

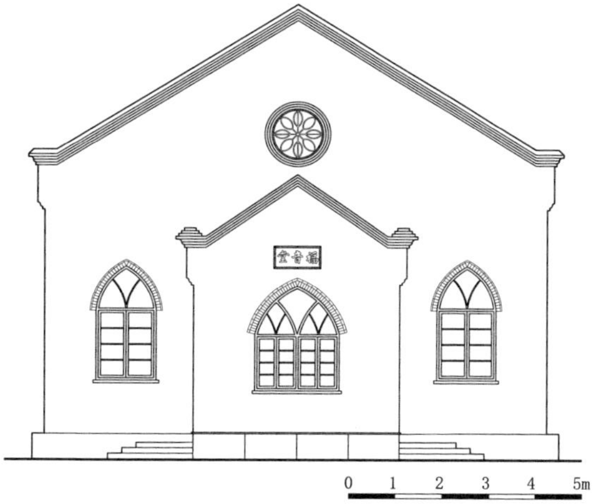

北立面图

益民二场蚕室

建于1945年

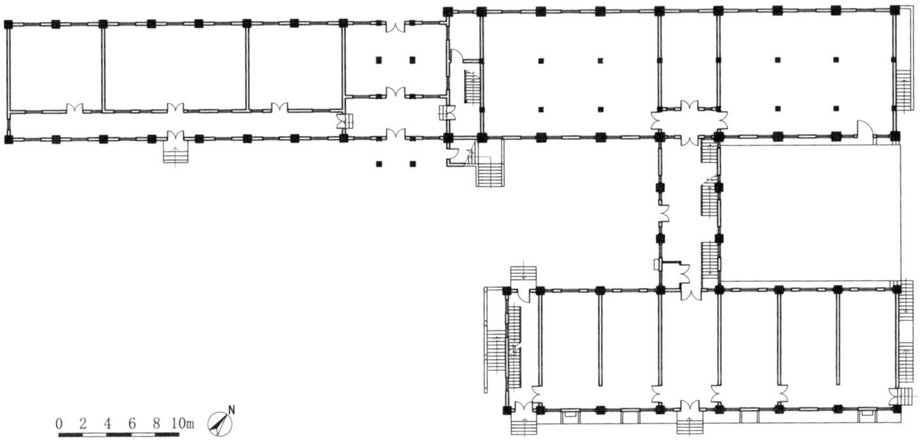

一层平面图

南立面（南幢）

南立面（北幢，局部）

镇江海关宿舍

建于清末

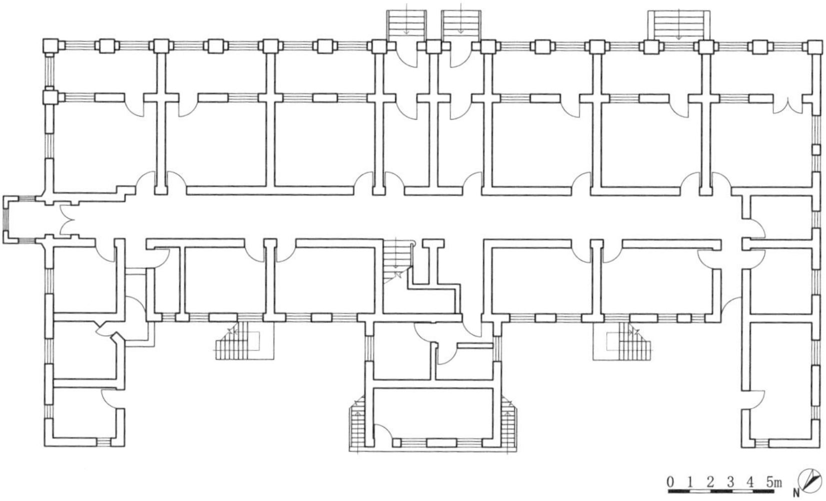

一层平面图

北立面图

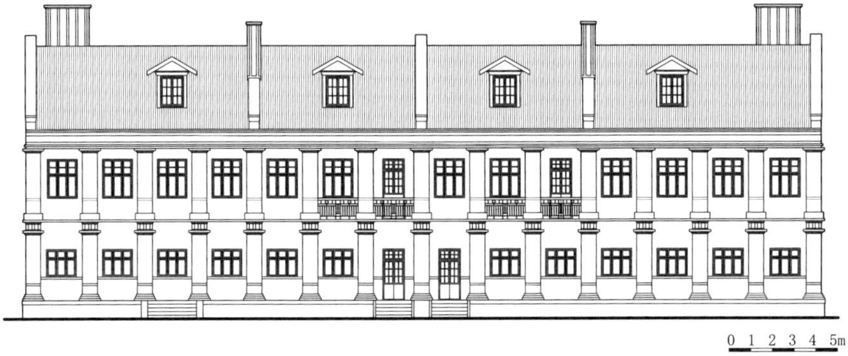

南立面图

东立面图

赛珍珠故居

建于清光绪中期

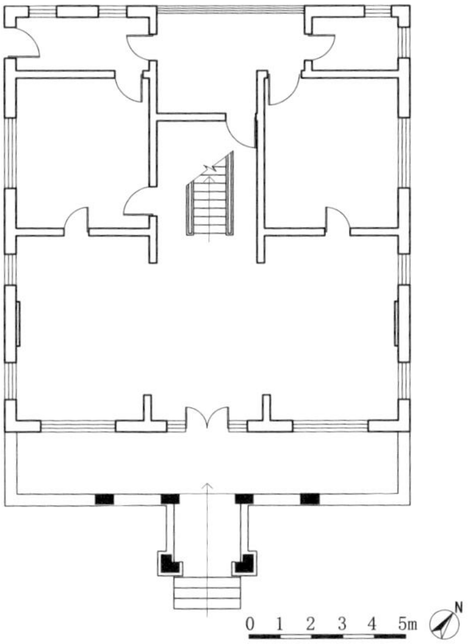

一层平面图

东立面图

南立面图

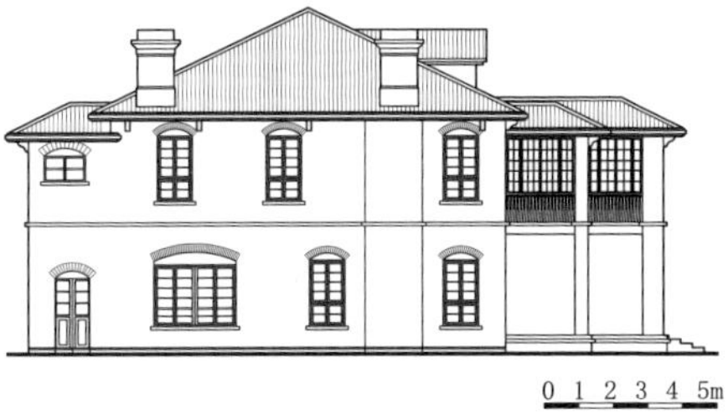

西立面图

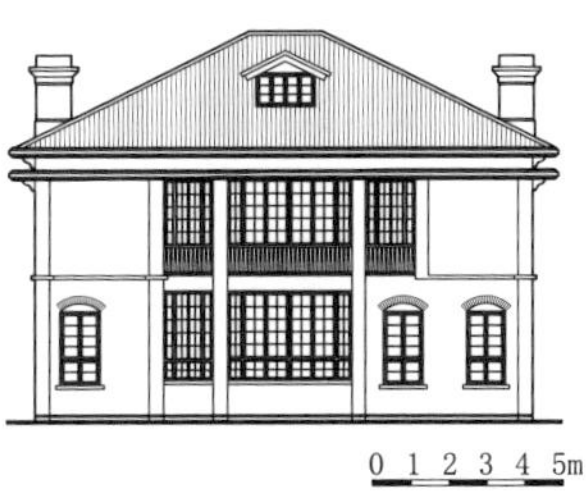

北立面图

屠家骅公寓

建于1927年

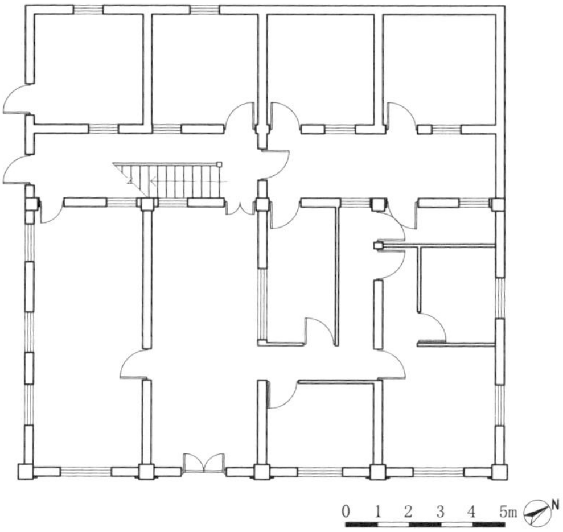

一层平面图

东南立面图

西北立面图

大康新村

建于1935年

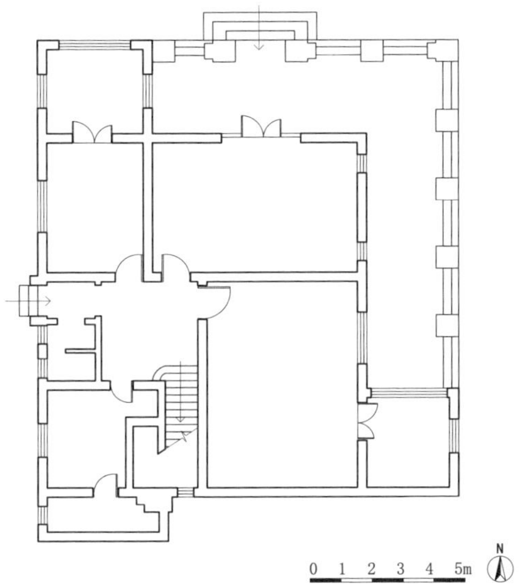

A栋平面图

A栋北立面图

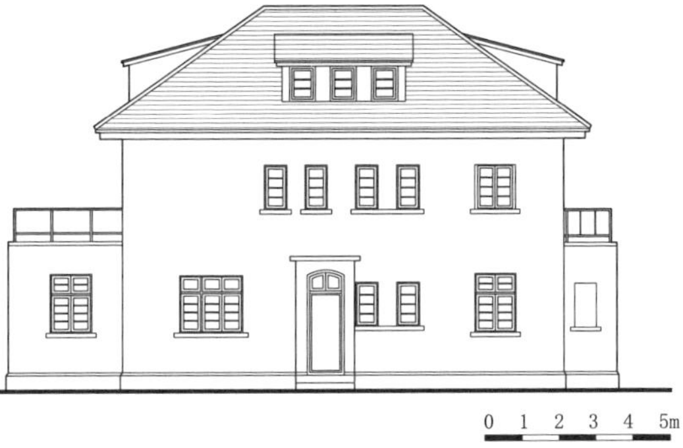

A栋西立面图

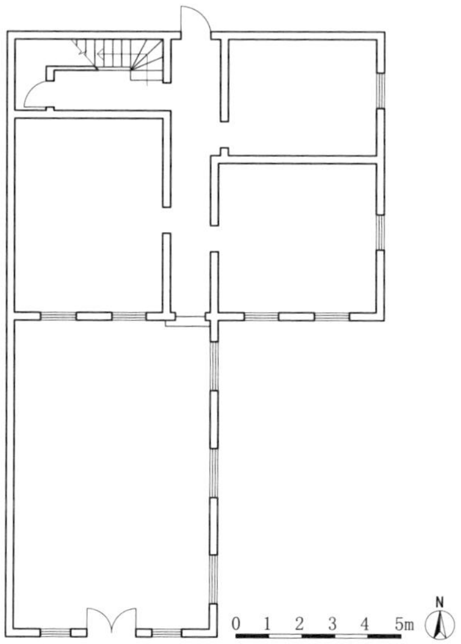

B栋平面图

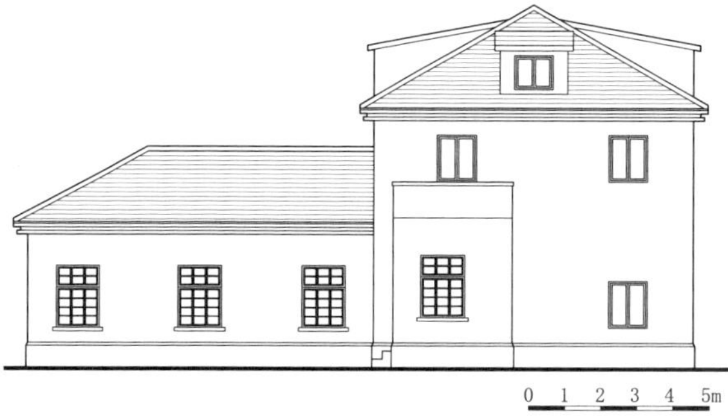

B栋东立面图

B栋南立面图

吉庆里

建于清末

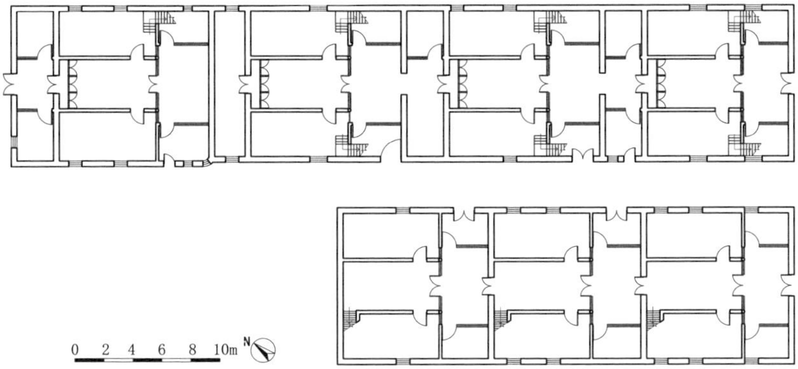

一层平面图

东立面图

南栋北立面图

北栋南立面图

南通

通州女子师范学校门楼
益群堆栈
大达内河轮船公司
三新池澡堂
周家禄公馆
张謇办公处
启秀别业
大生纱厂专家楼
大生纱厂公事厅
司竹舟故居
林溪精舍
博物苑南馆
濠阳小筑
城南别业
西山村庐状元楼
赵绘沈绣之楼
南通图书馆旧楼
南通农科大学旧校舍
博物苑中馆
濠南别业
大生纱厂钟楼
唐闸红楼
顾雅言大院
南通纺织学校图书馆
西南营54号
冯旗杆巷18号
冯旗杆巷23号
西南营31—34号
西南营76号
小巷7—9号

通州女子师范学校门楼

建于民国

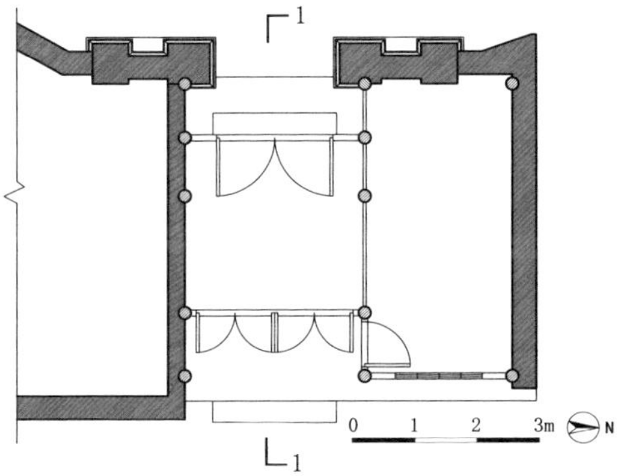

平面图

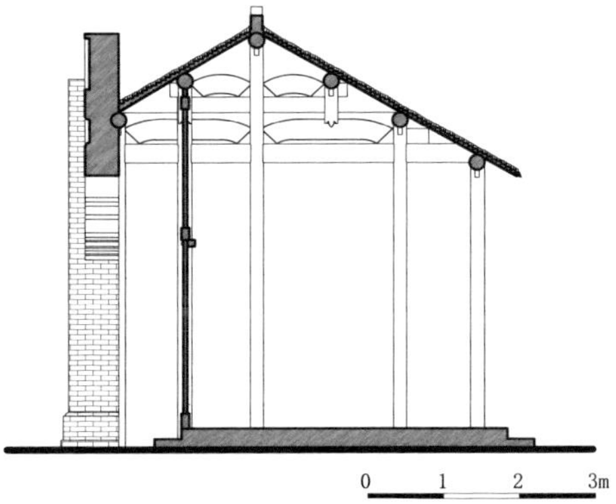

1-1剖面图

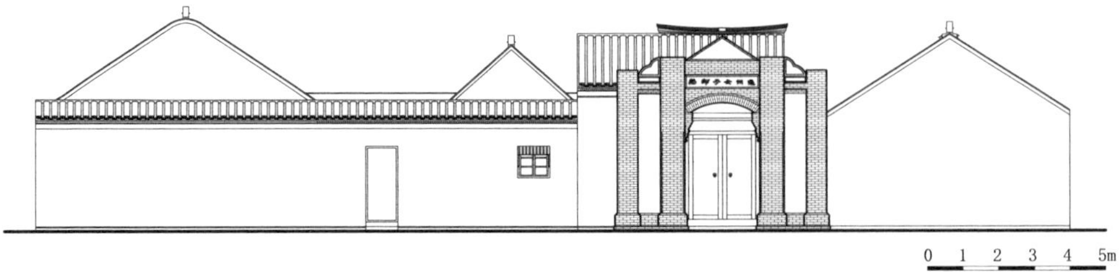

西立面图

益群堆栈

建于民国

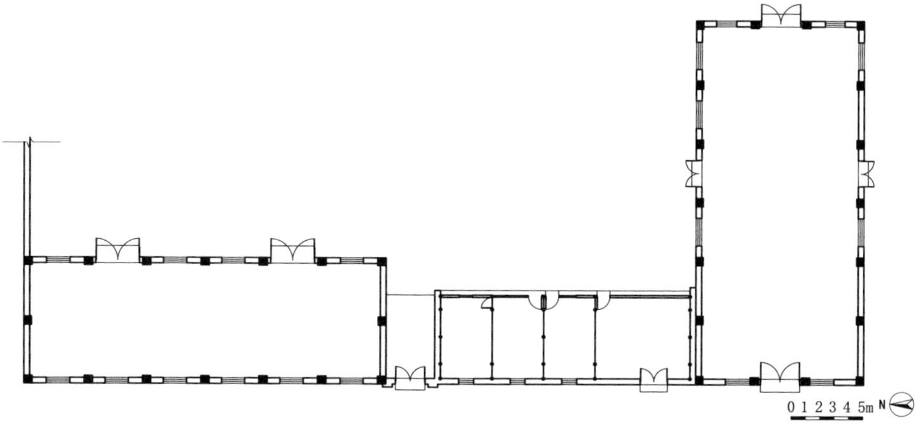

平面图

西立面图

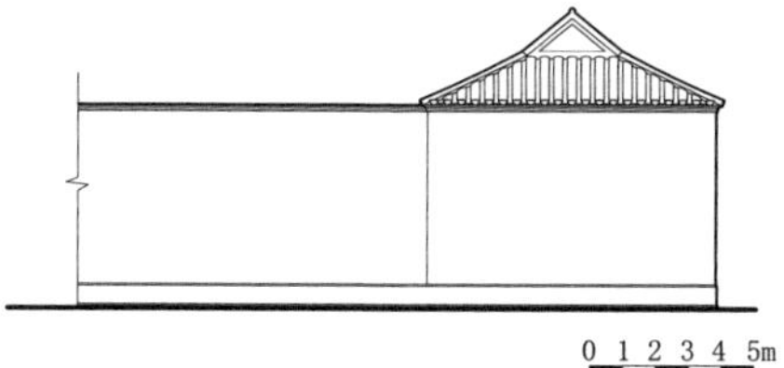

北立面图（局部）

大达内河轮船公司

建于1903年

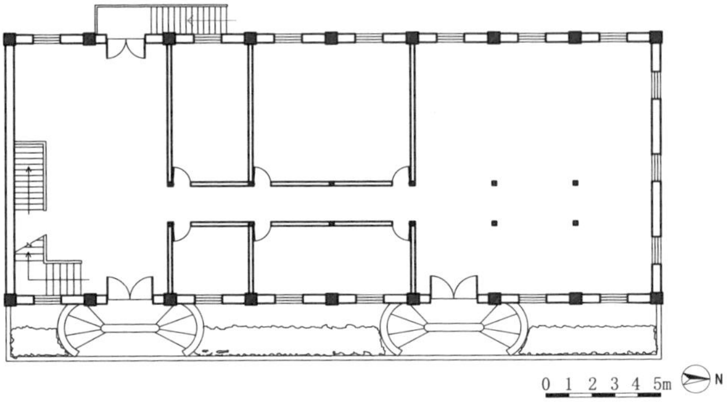

一层平面图

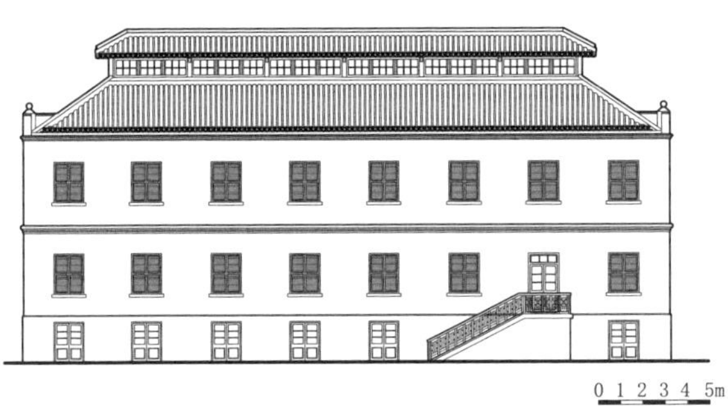

西立面图

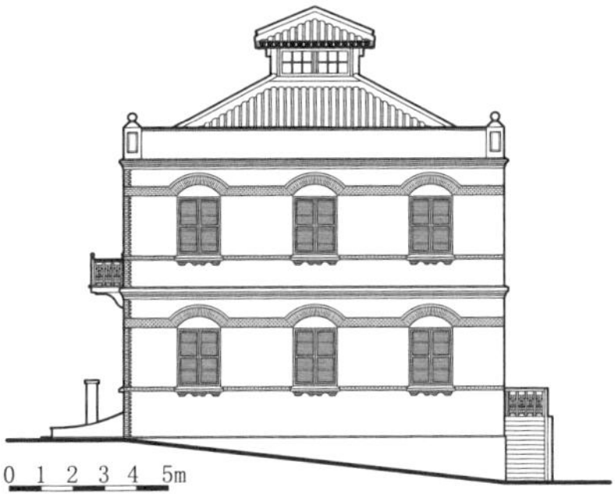

北立面图

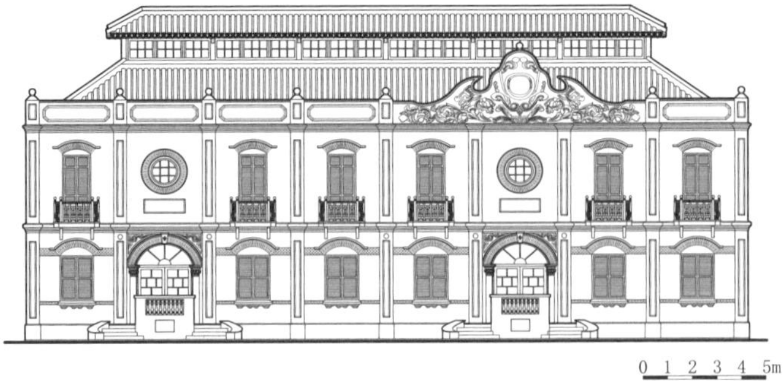

东立面图

三新池澡堂

建于1920年

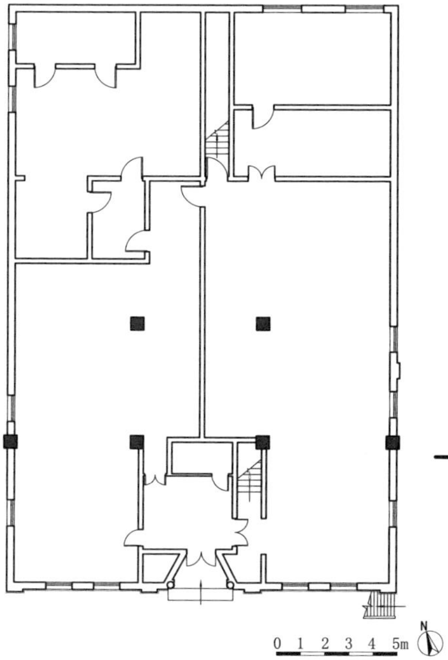

平面图

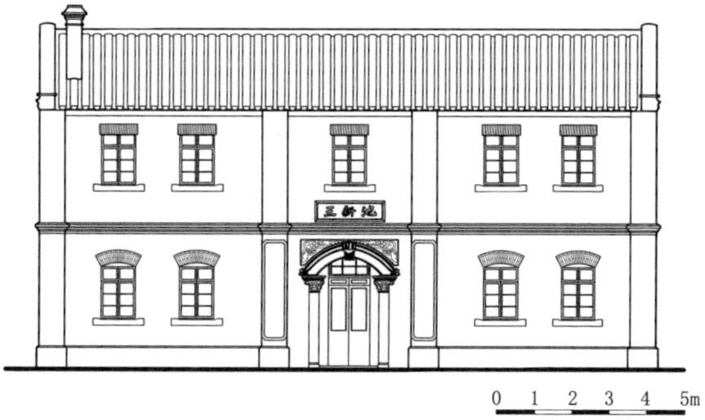

南立面图

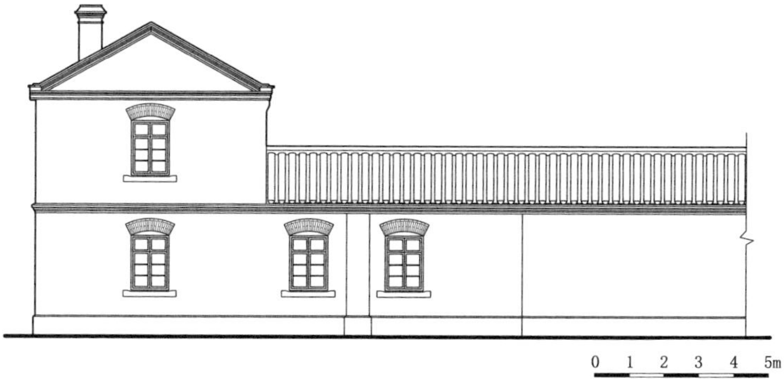

东立面图

周家禄公馆

建于民国

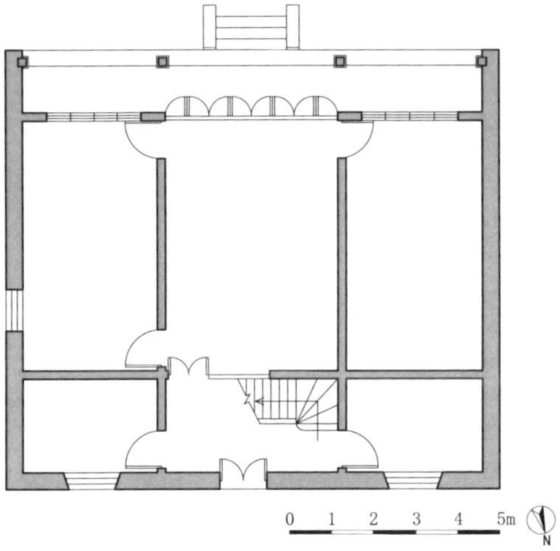

一层平面图

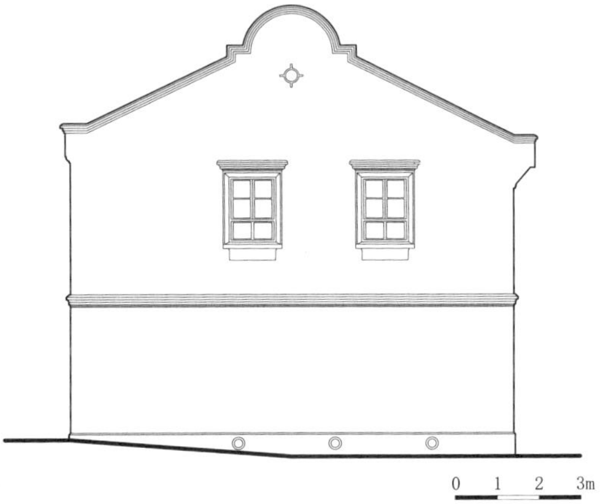

东立面图

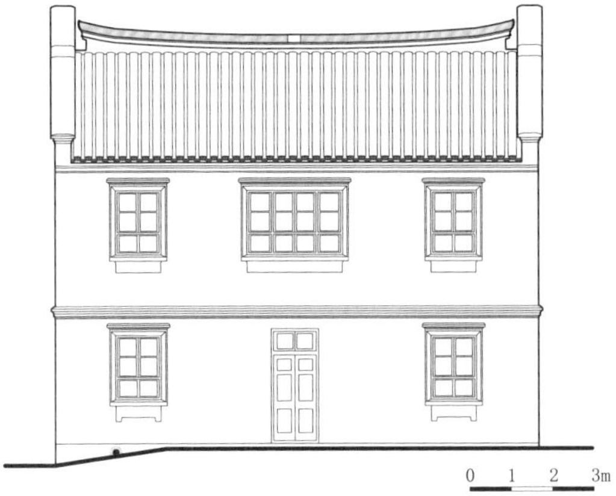

北立面图

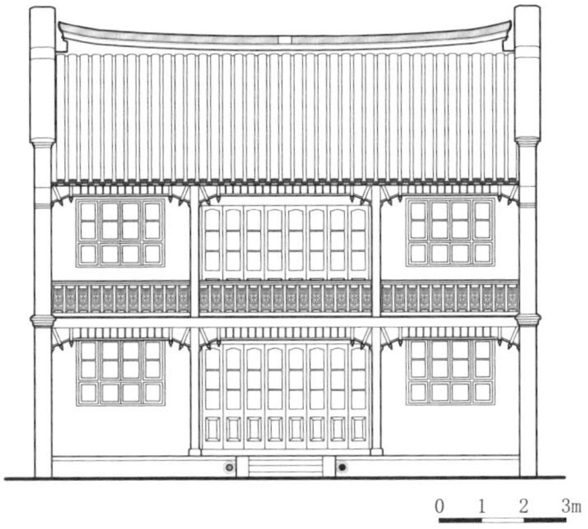

南立面图

张訾办公处

建于民国

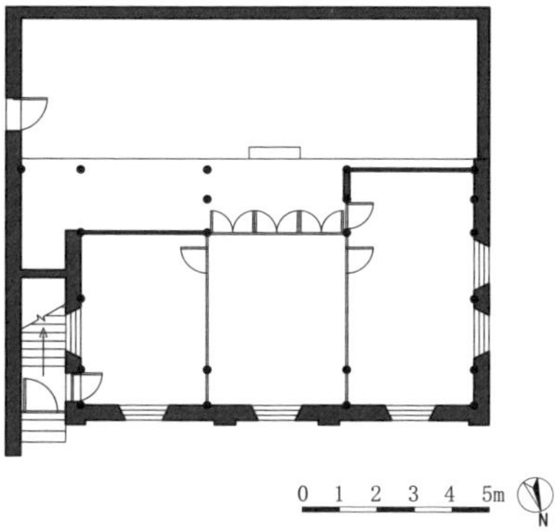

一层平面图

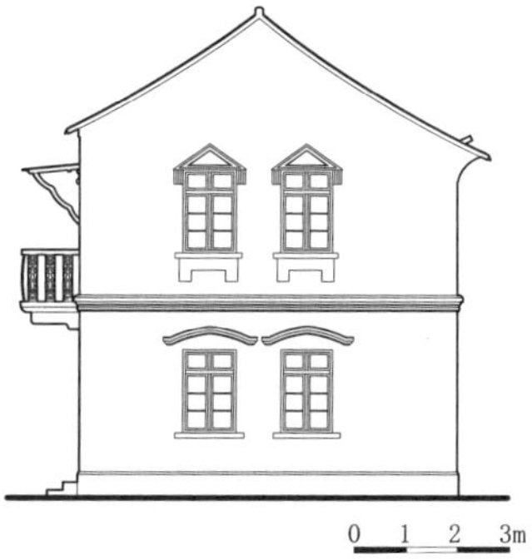

西立面图

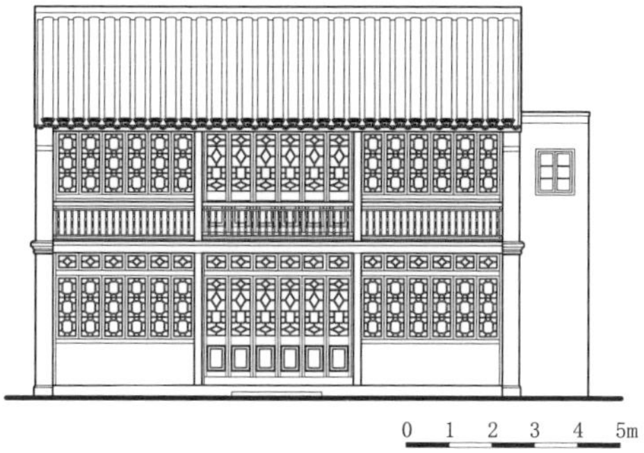

厅堂南立面图

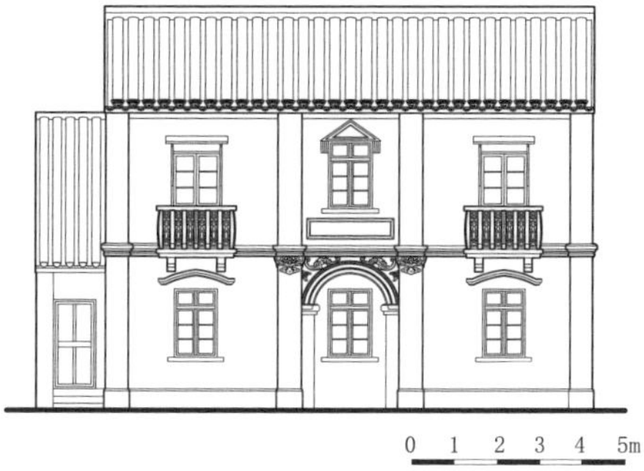

北立面图

启秀别业

建于20世纪20年代

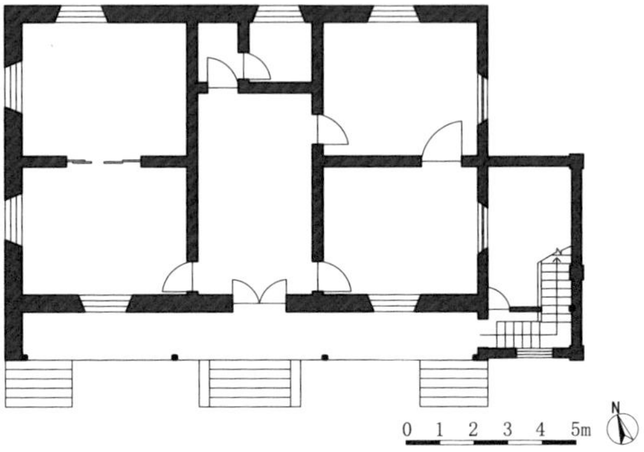

一层平面图

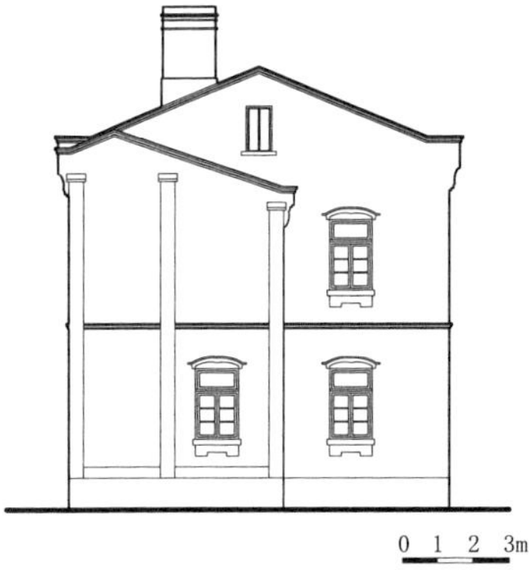

东立面图

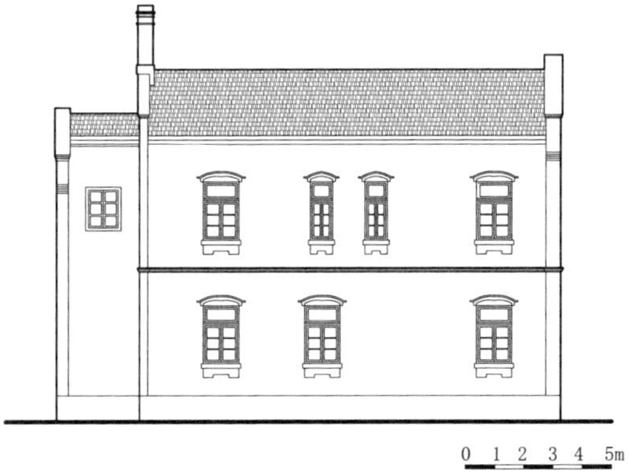

北立面图

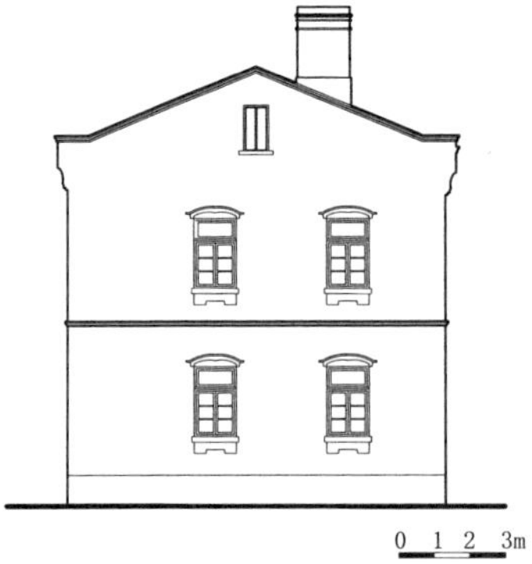

西立面图

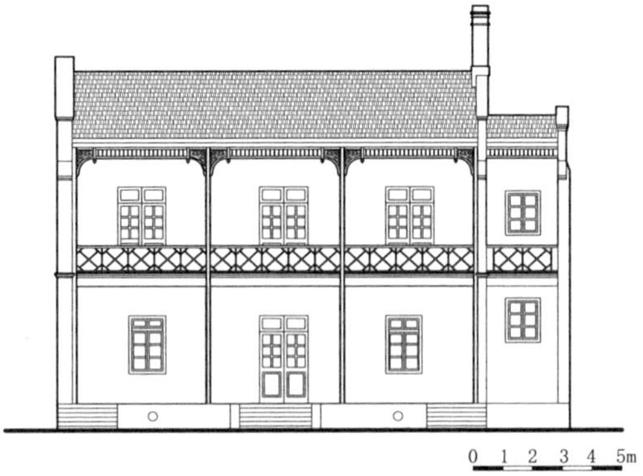

南立面图

大生纱厂专家楼

建于1897年

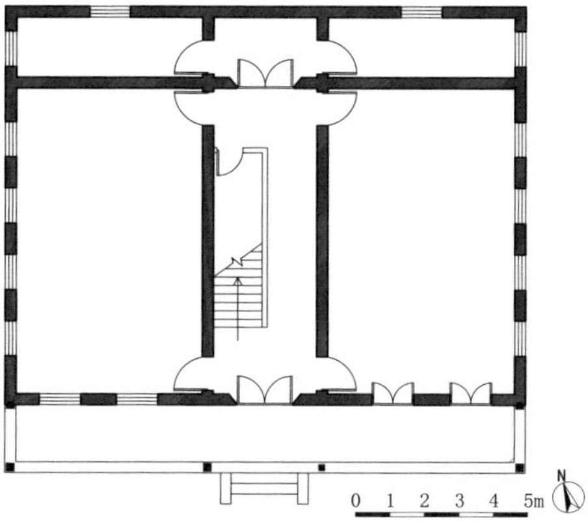

一层平面图

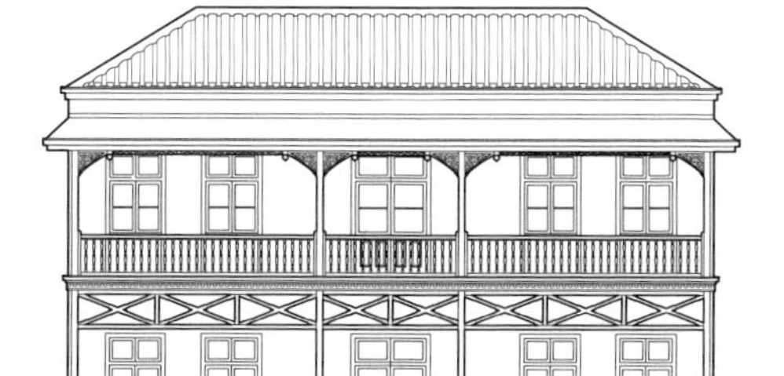

南立面图

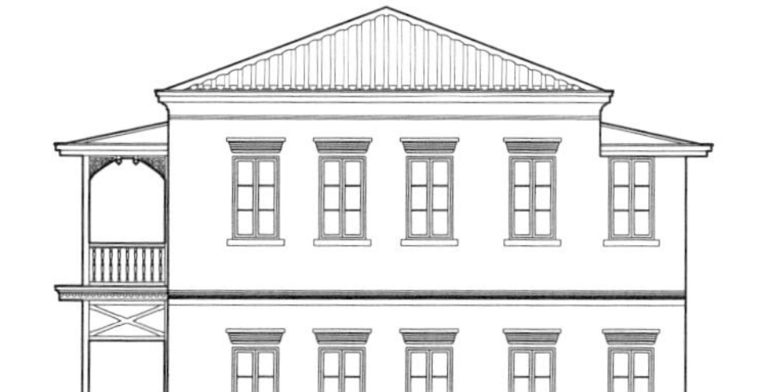

东立面图

大生纱厂公事厅

建于1901年

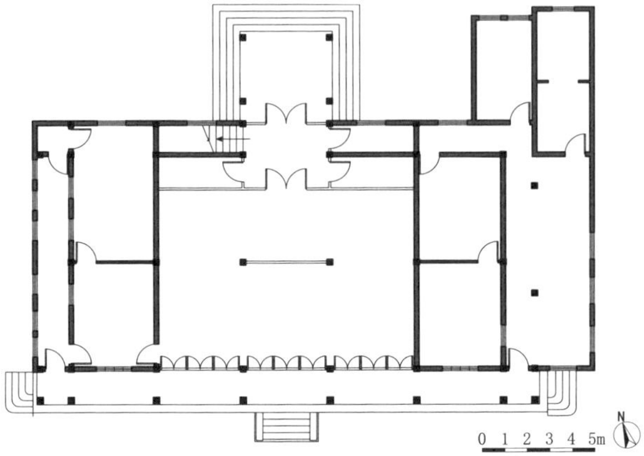

一层平面图

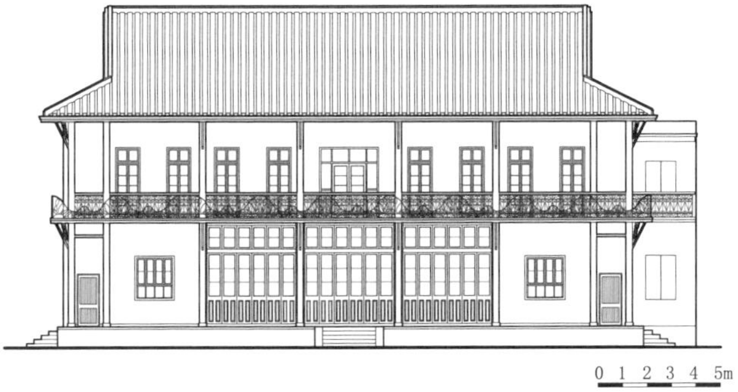

南立面图

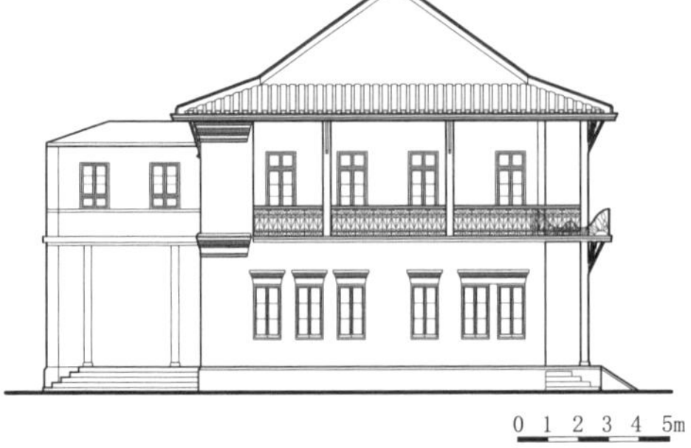

西立面图

司竹舟故居

建于清末民初

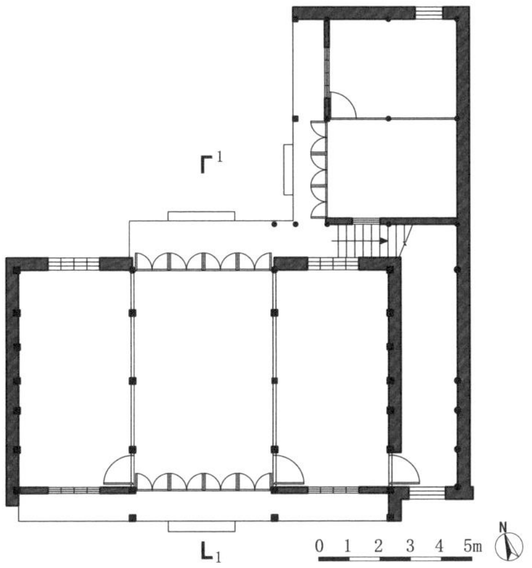

一层平面图

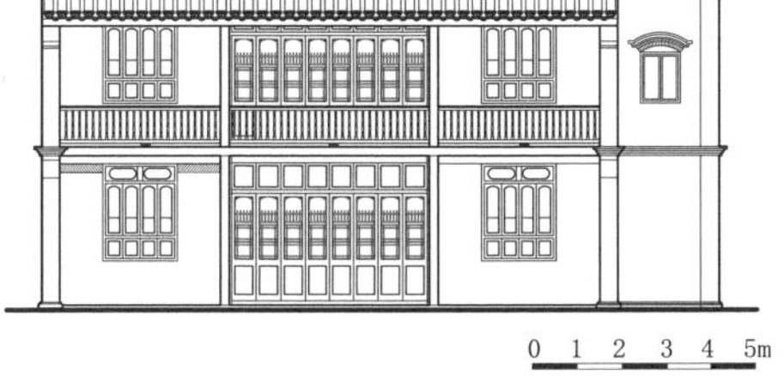

南立面图

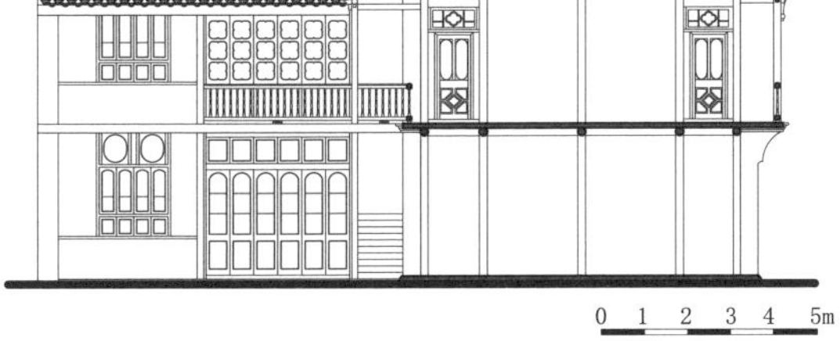

1-1剖面图

林溪精舍

建于1905年

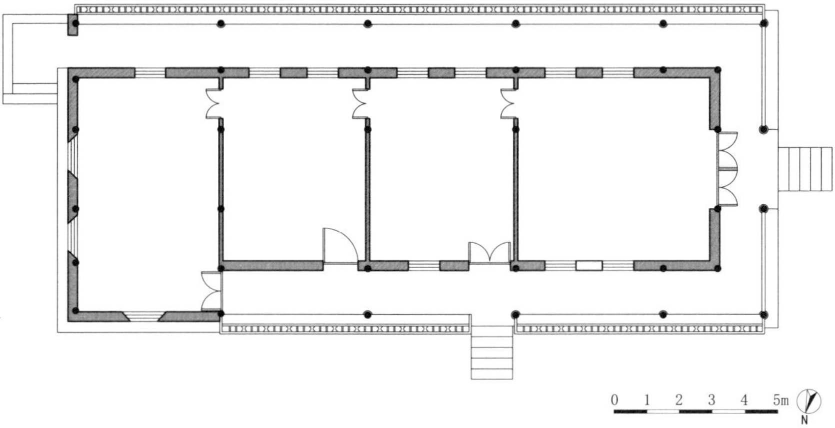

平面图

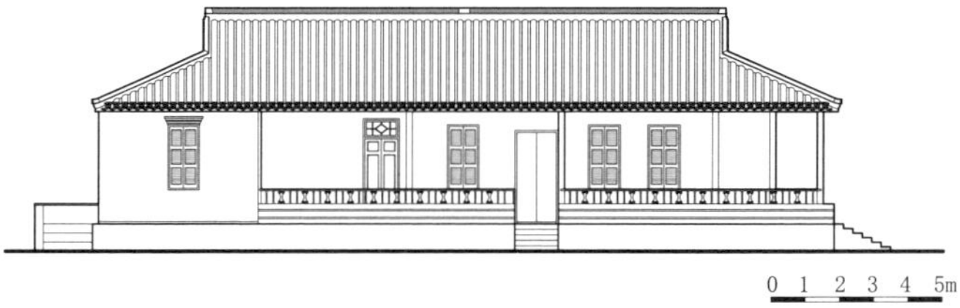

北立面图

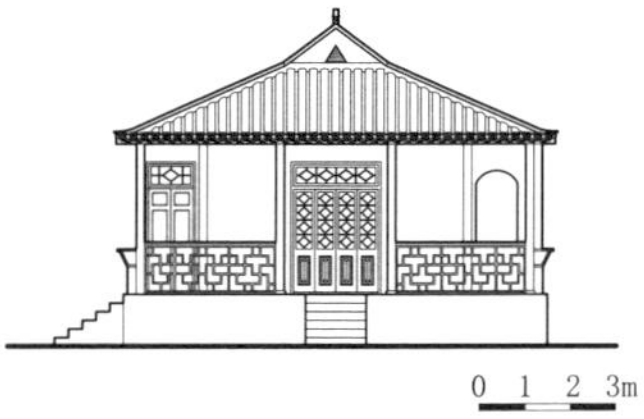

西立面图

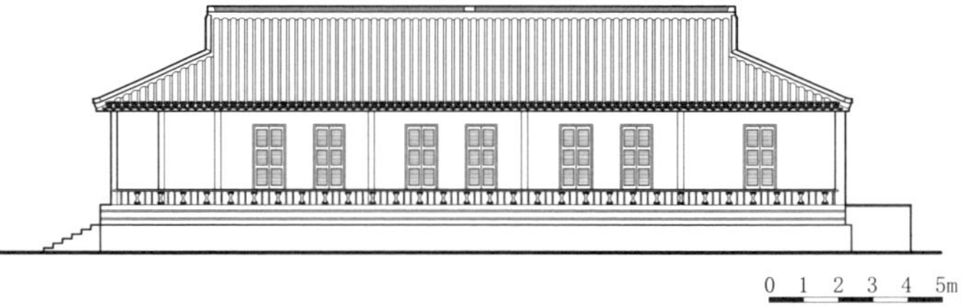

南立面图

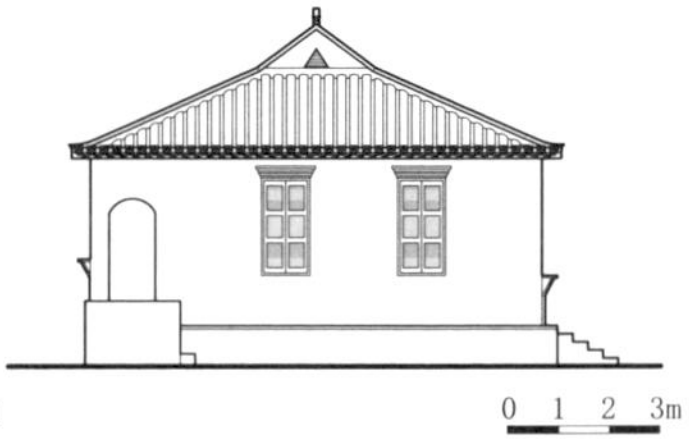

东立面图

博物苑南馆

建于1905年

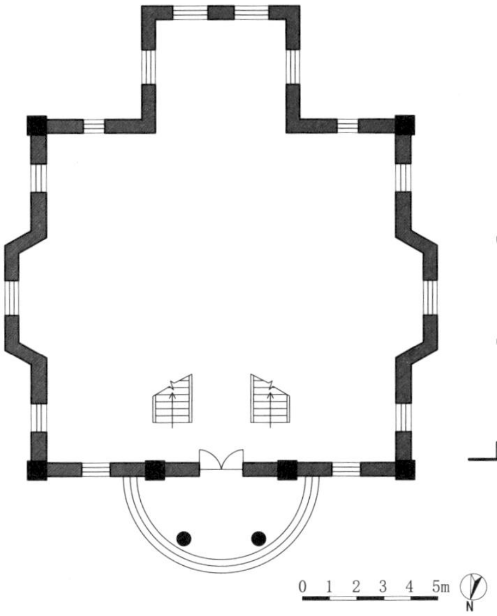

一层平面图

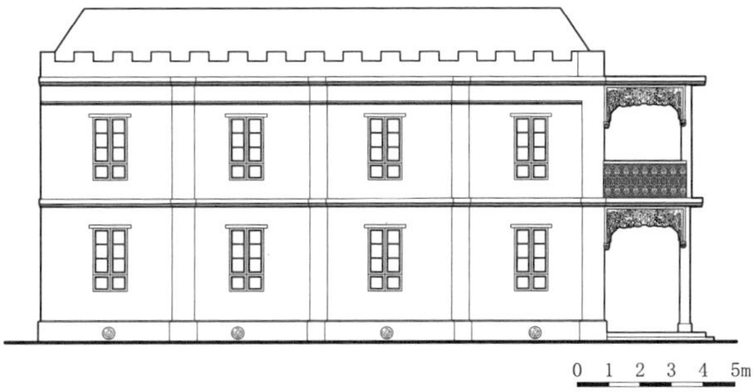

东立面图

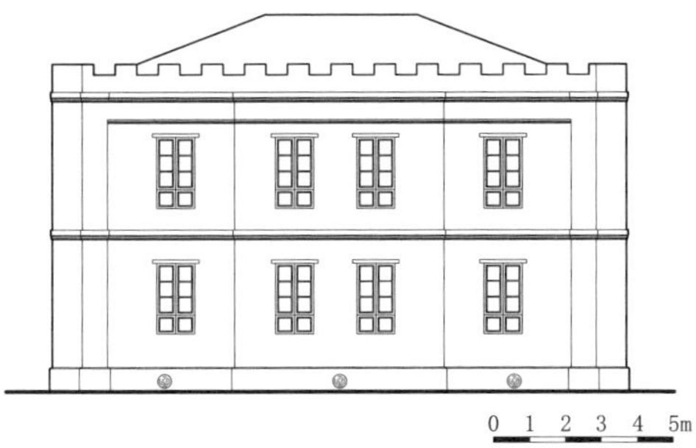

南立面图

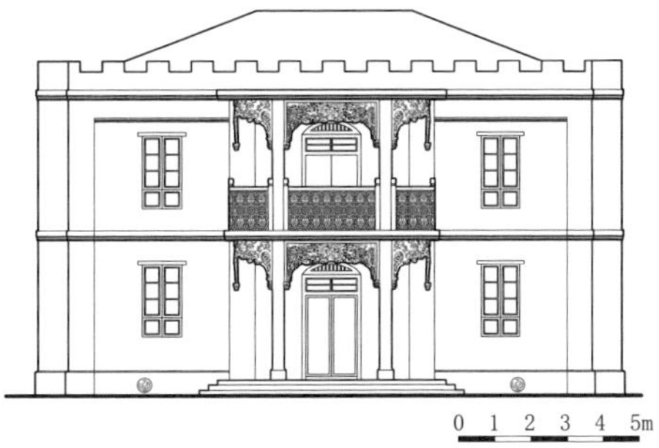

北立面图

濠阳小筑

建于1917年

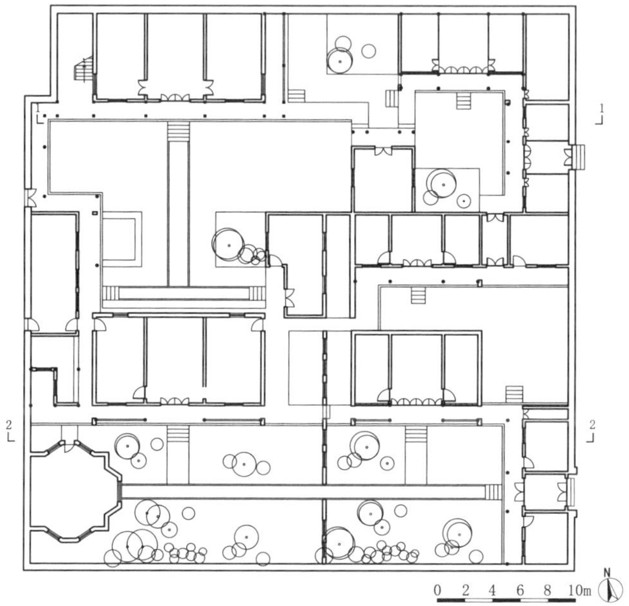

平面图

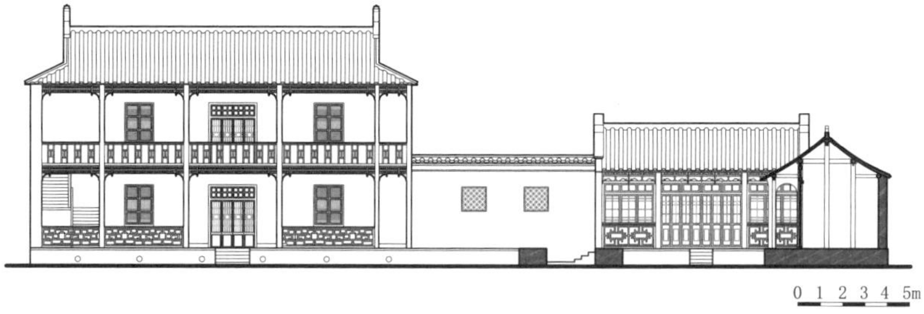

1-1剖立面图

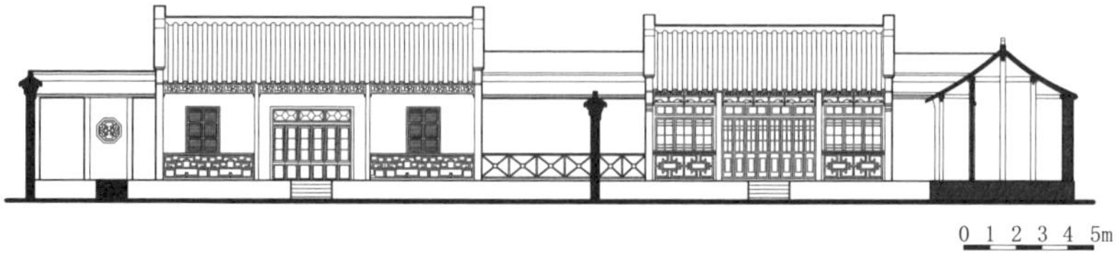

2-2剖立面图

城南别业

建于1903年

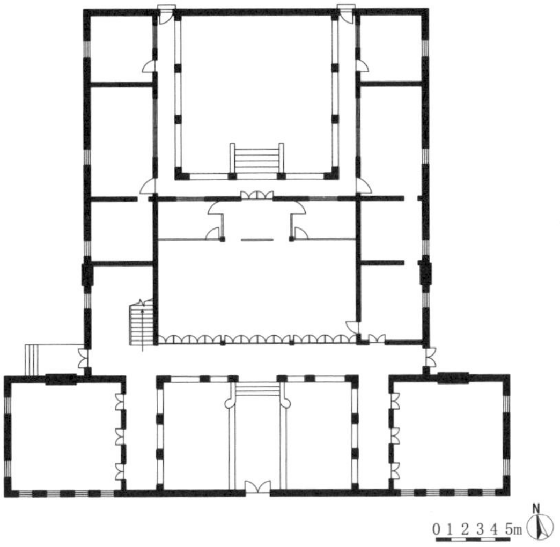

一层平面图

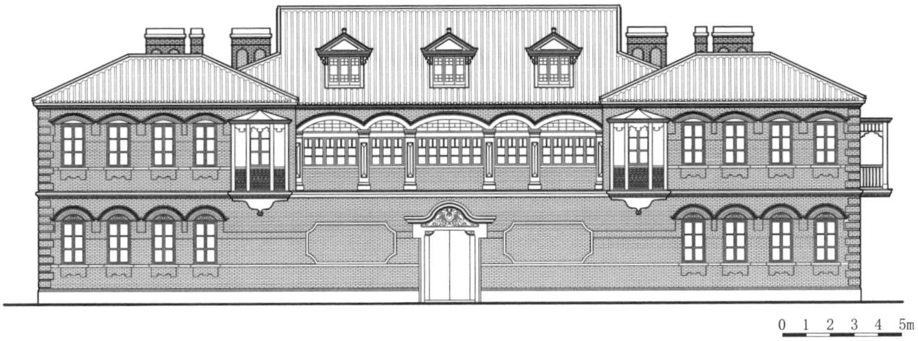

南立面图

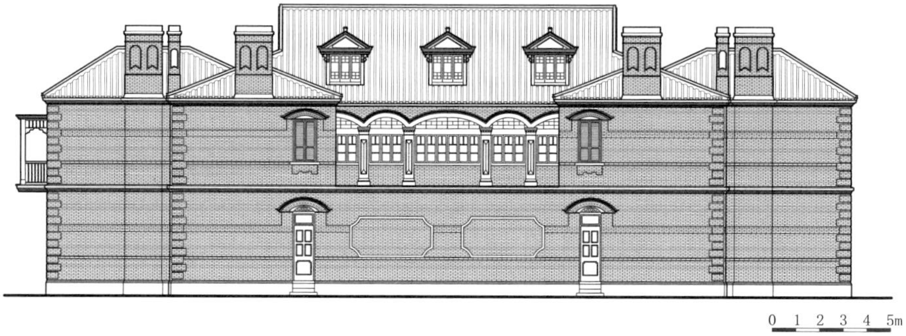

北立面图

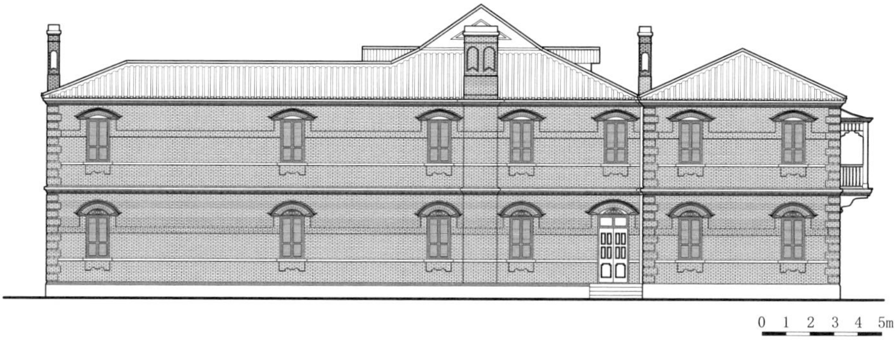

西立面图

西山村庐状元楼

建于1919年

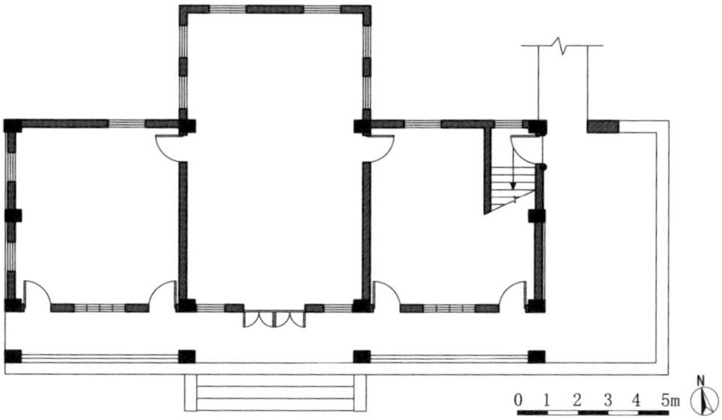

一层平面图

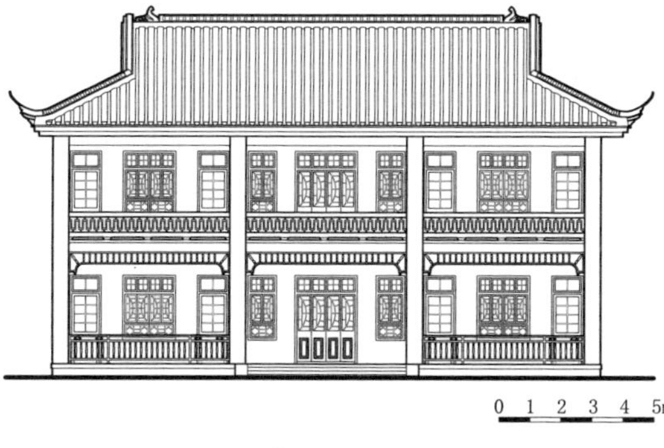

南立面图

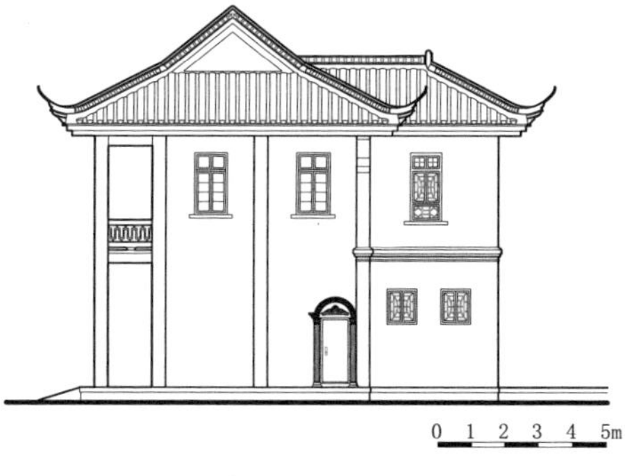

东立面图

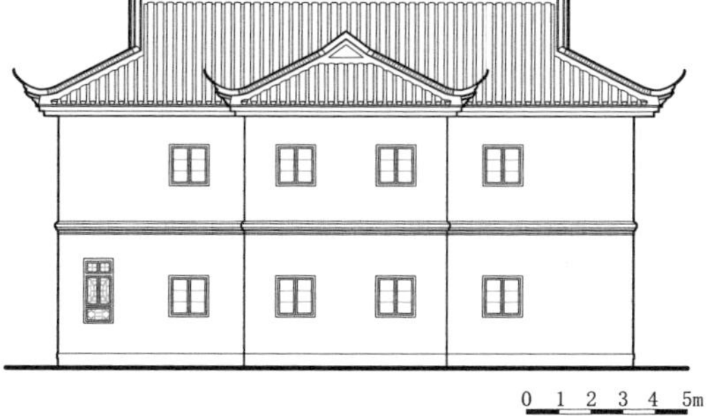

北立面图

赵绘沈绣之楼

建于1912年

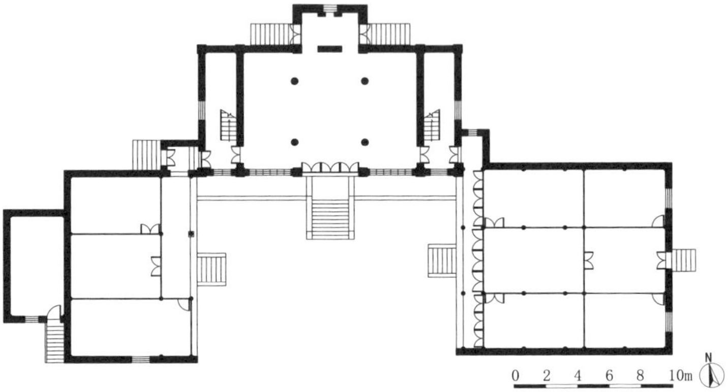

一层平面图

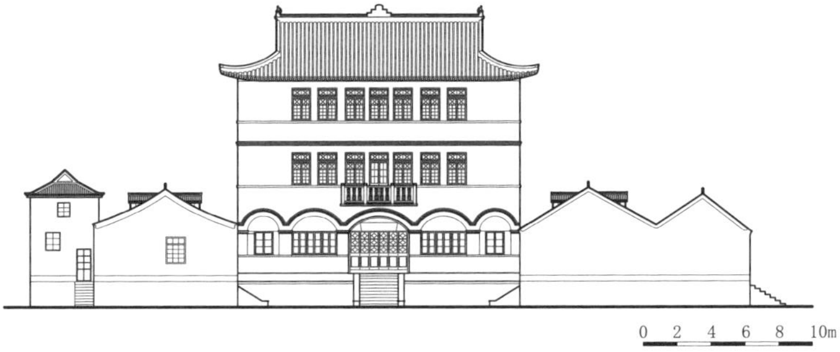

南立面图

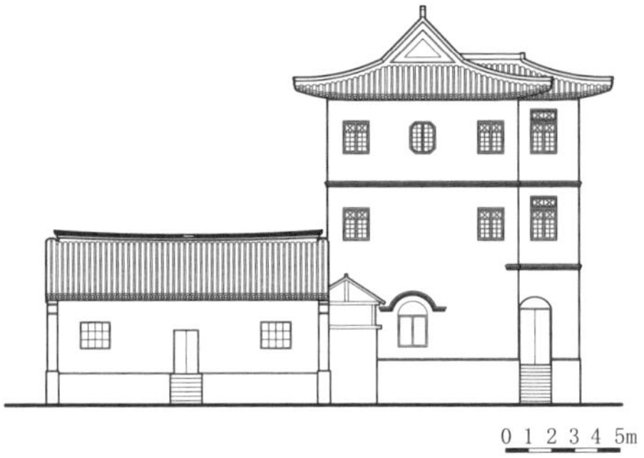

东立面图

南通图书馆旧楼

建于1912年

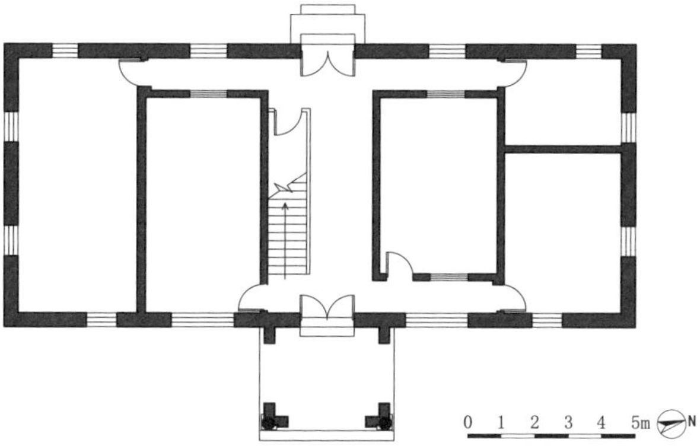

一层平面图

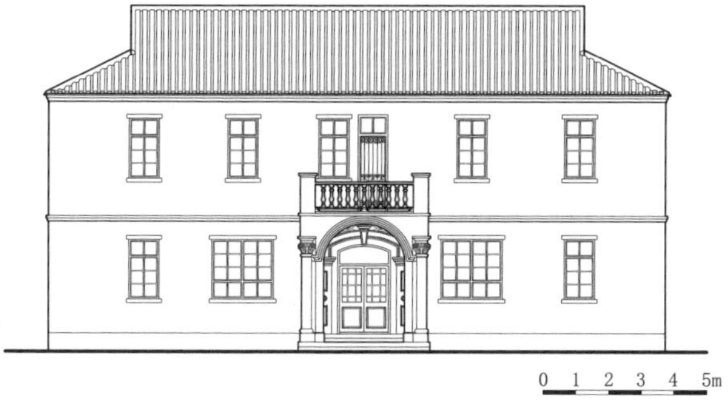

东立面图

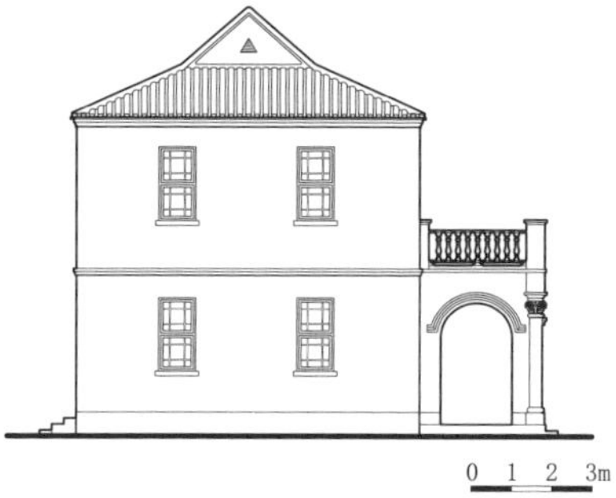

南立面图

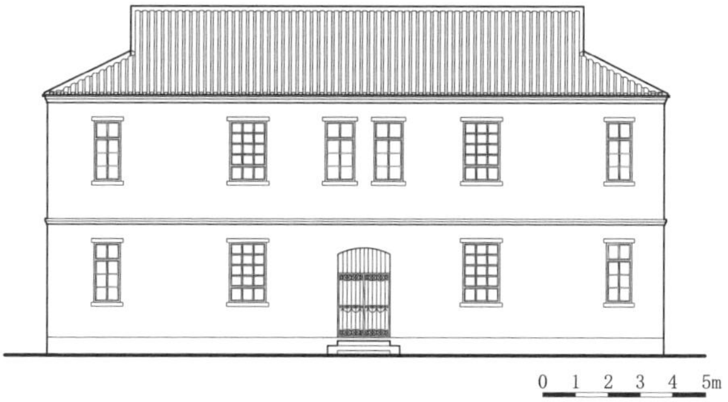

西立面图

南通农科大学旧校舍

建于民国

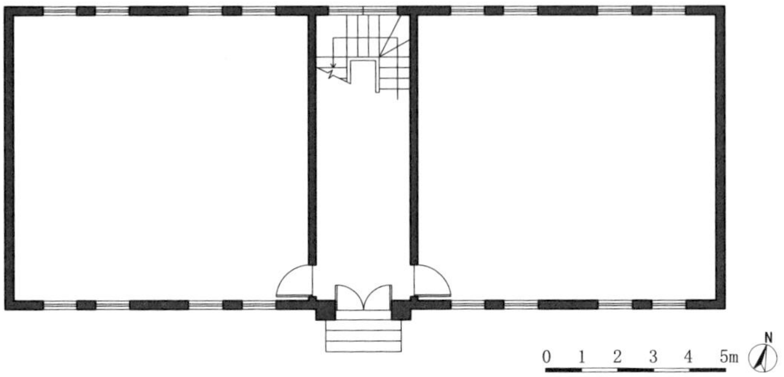

一层平面图

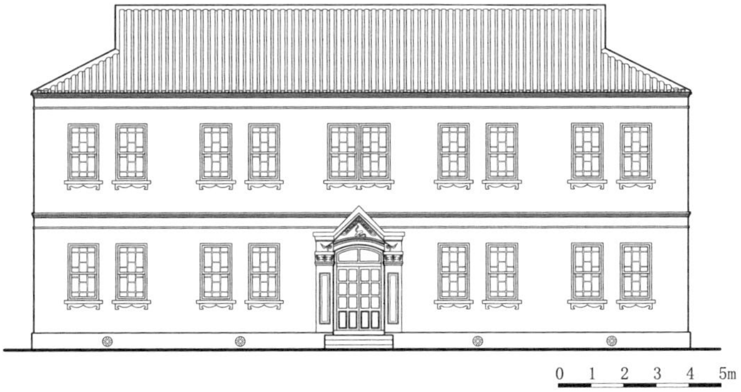

南立面图

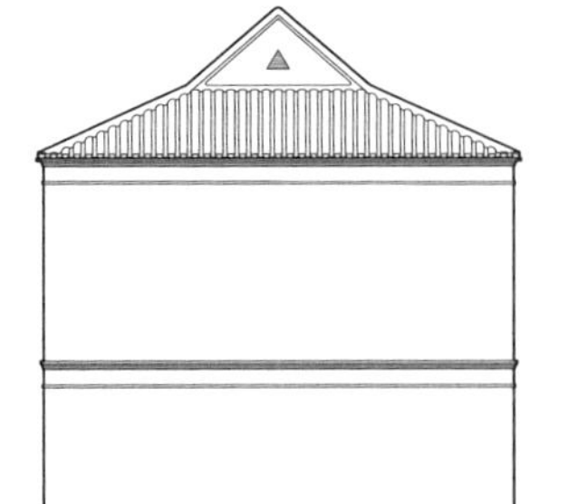

东立面图

博物苑中馆
建于1920年

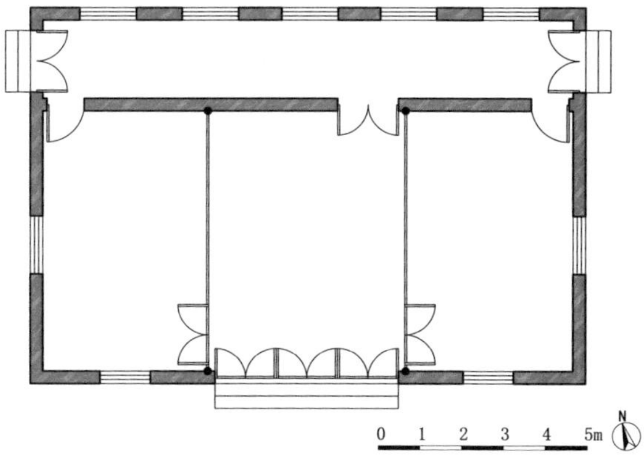

平面图

西立面图

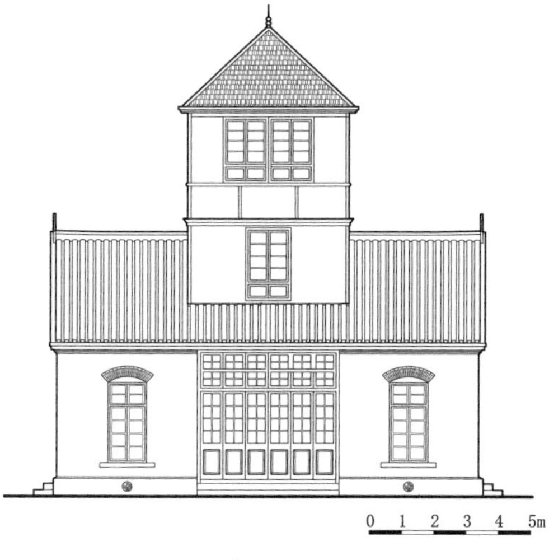

南立面图

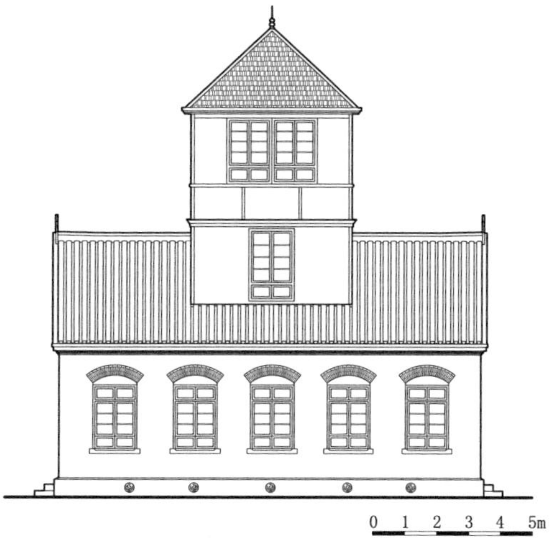

北立面图

濠南别业

建于1914年

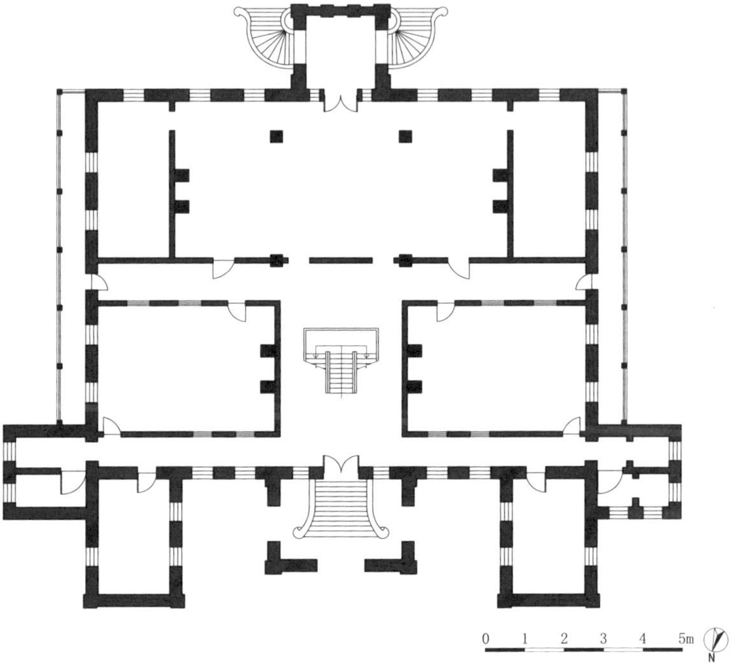

一层平面图

南立面图

东立面图

北立面图

大生纱厂钟楼

建于1915年

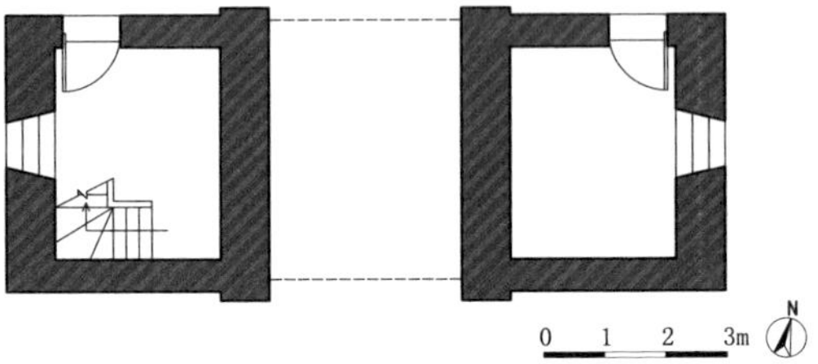

一层平面图

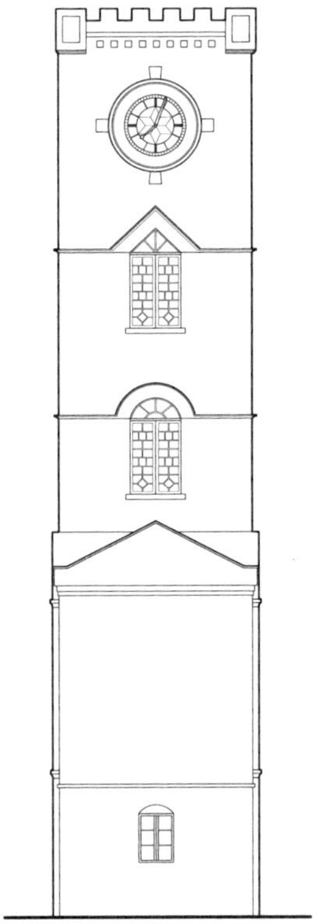

东立面图

南立面图

唐闸红楼

建于1919年

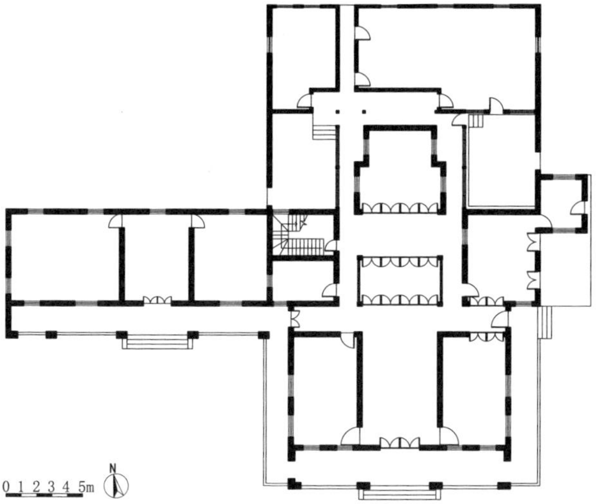

一层平面图

南立面图

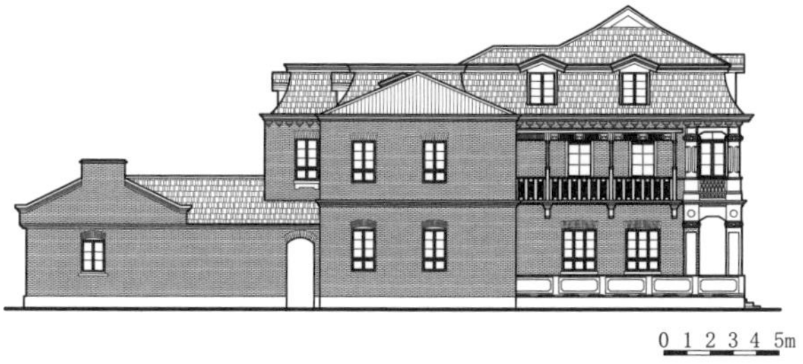

西立面图

顾雅言大院

建于民国

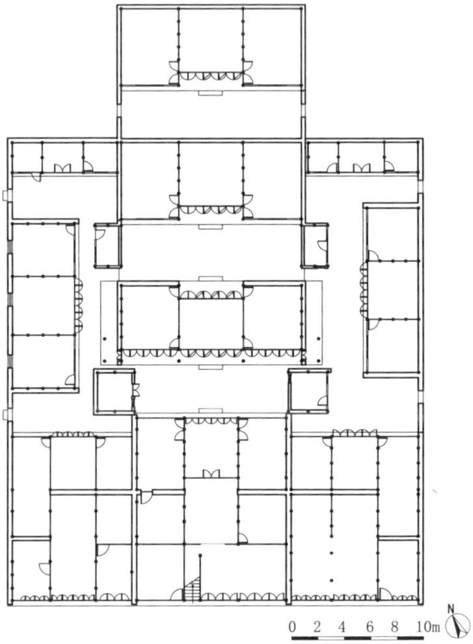

一层平面图

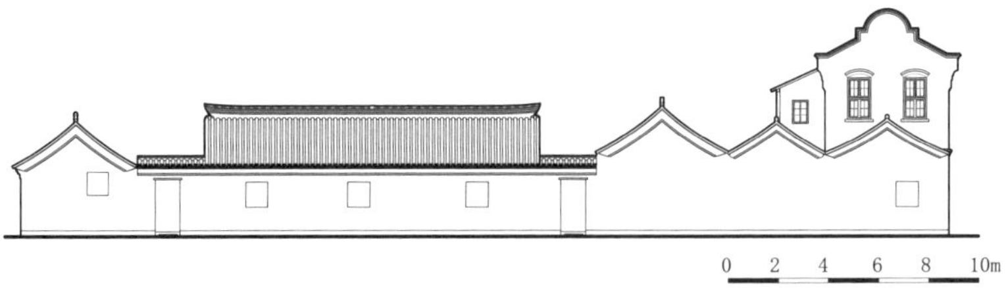

西立面图

南立面图

南通纺织学校图书馆

建于1913年

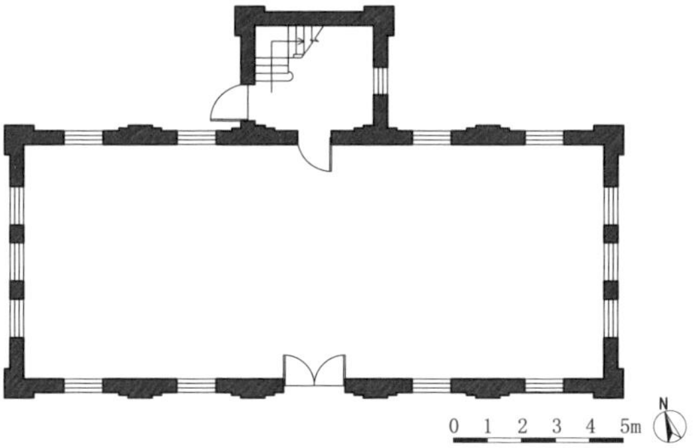

一层平面图

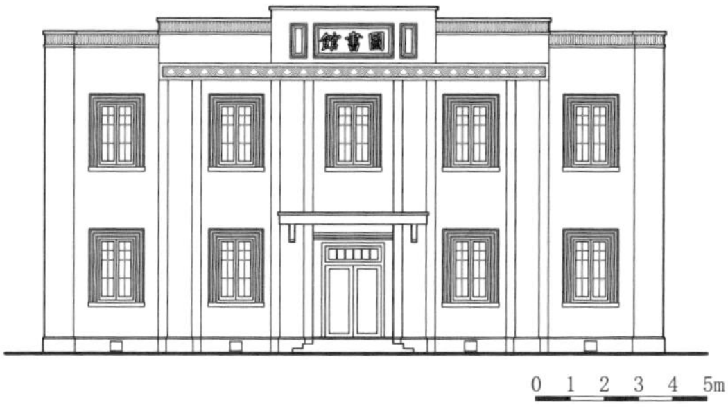

南立面图

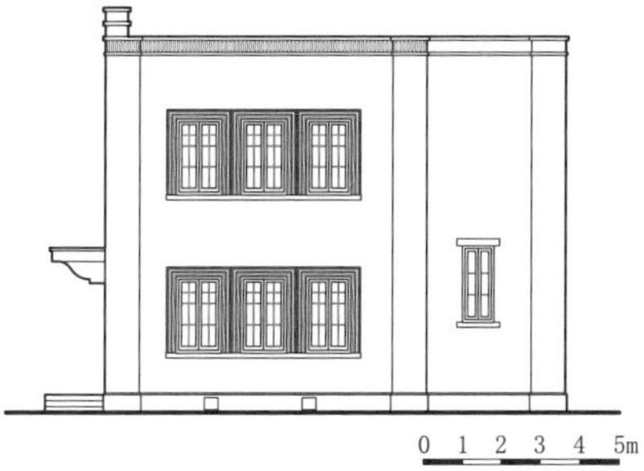

东立面图

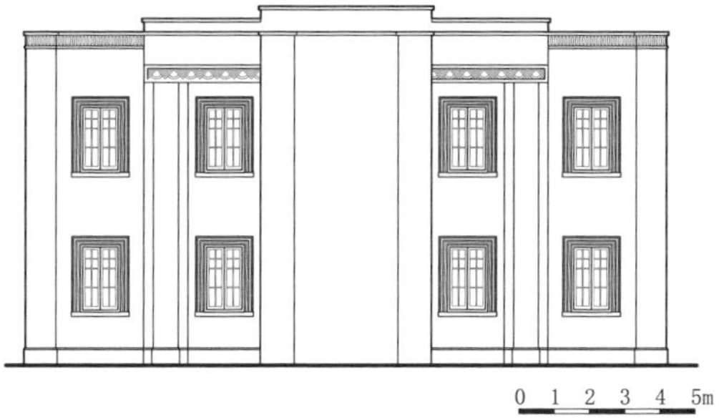

北立面图

西南营54号

建于民国

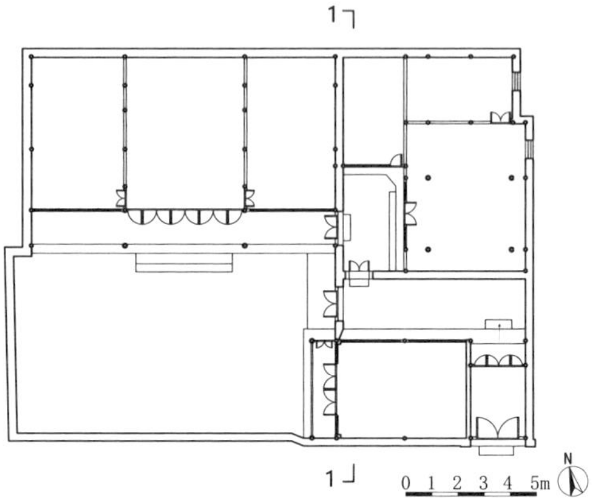

平面图

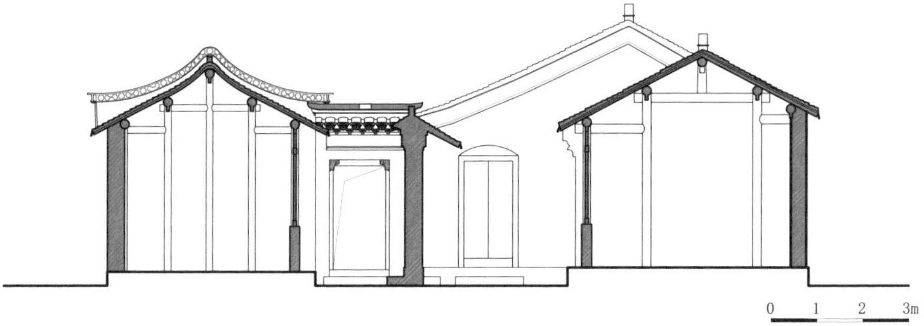

1-1剖面图

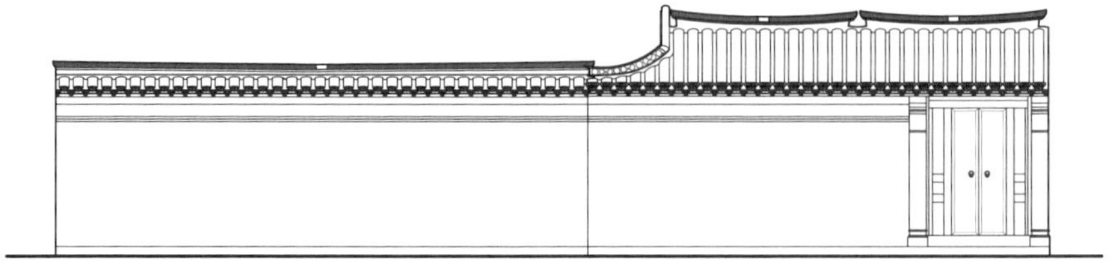

南立面图

冯旗杆巷18号

建于民国

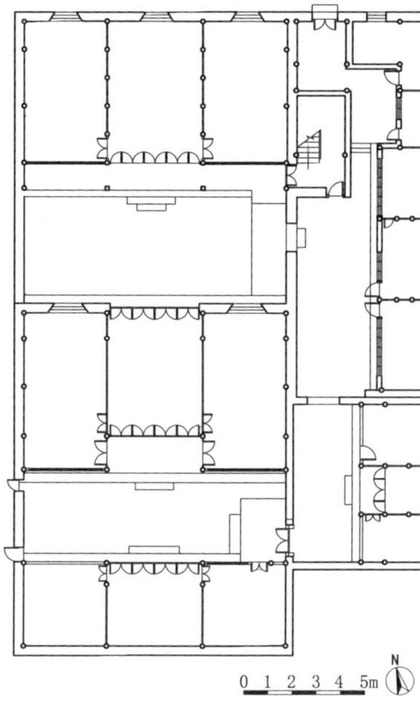

一层平面图

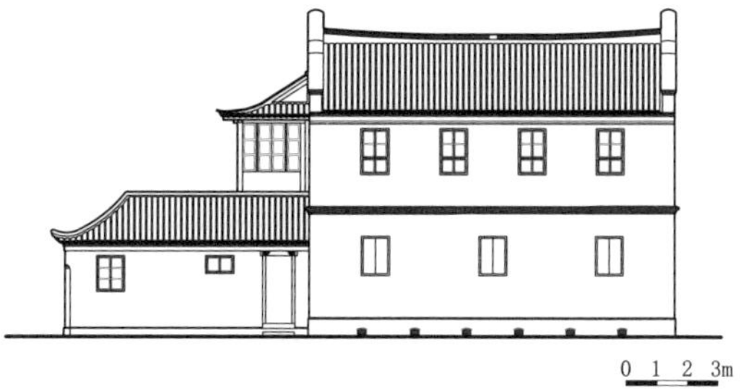

北立面图

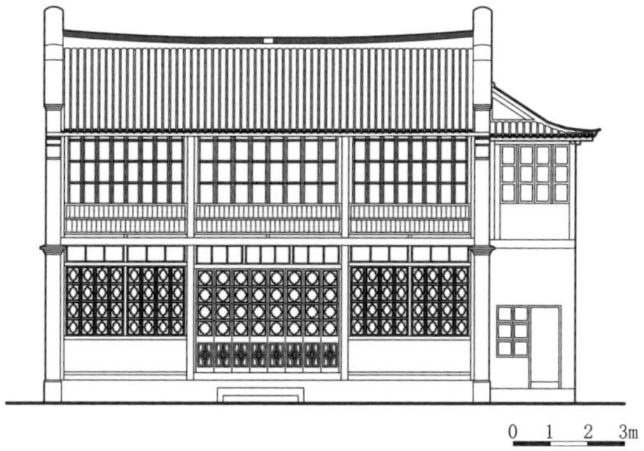

正屋南立面图

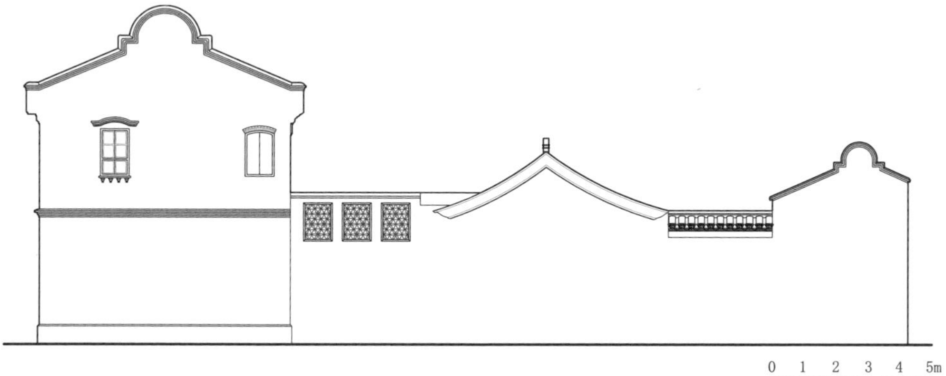

西立面图

冯旗杆巷23号

建于清代

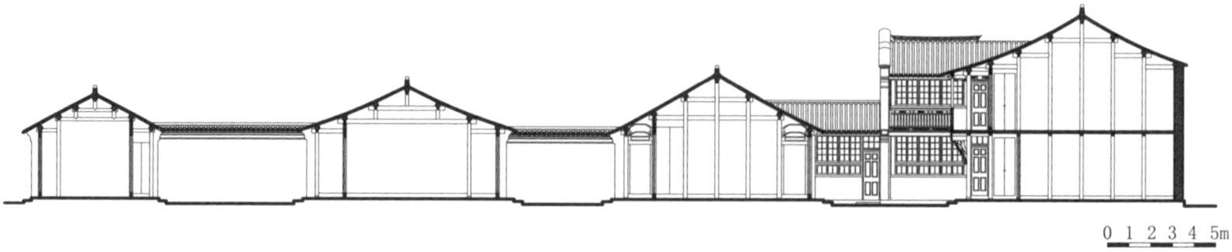

1-1剖面图

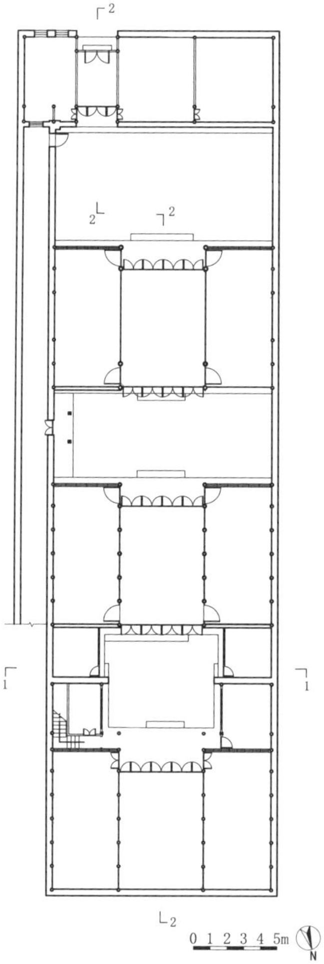

一层平面图

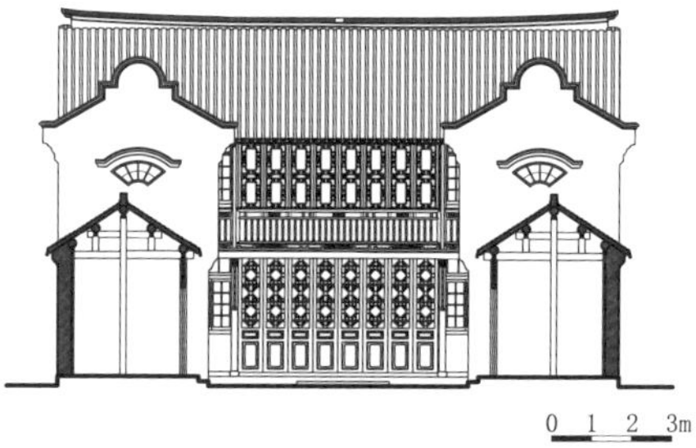

2-2剖面图

西南营31-34号

建于民国

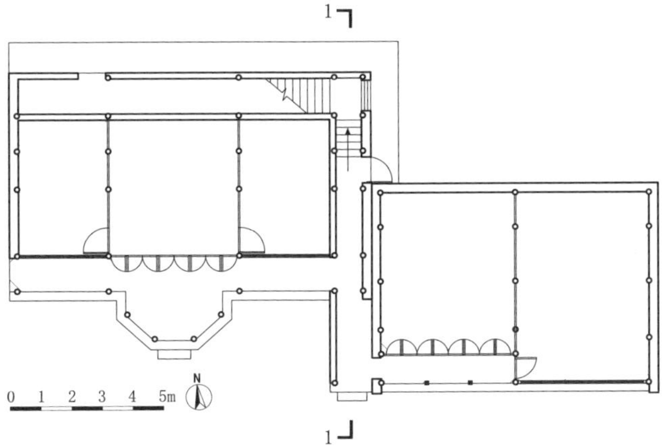

一层平面图

南立面图

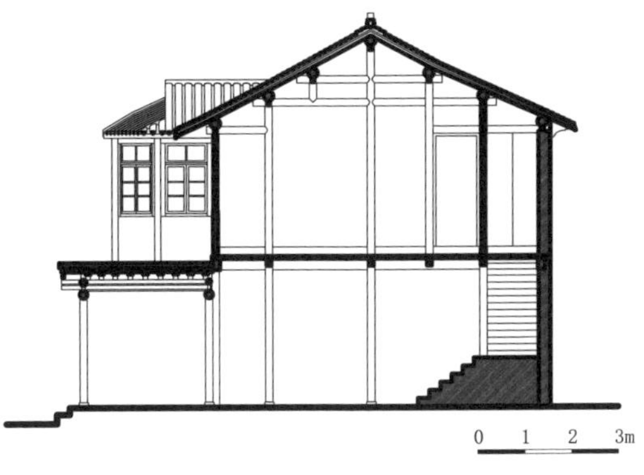

1-1剖面图

西南营76号

建于清末

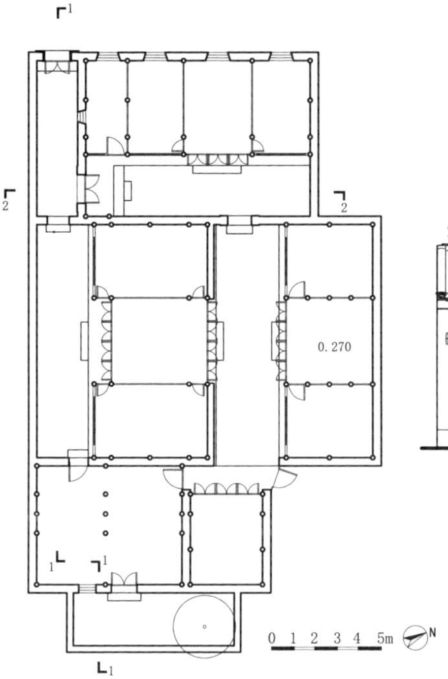

平面图

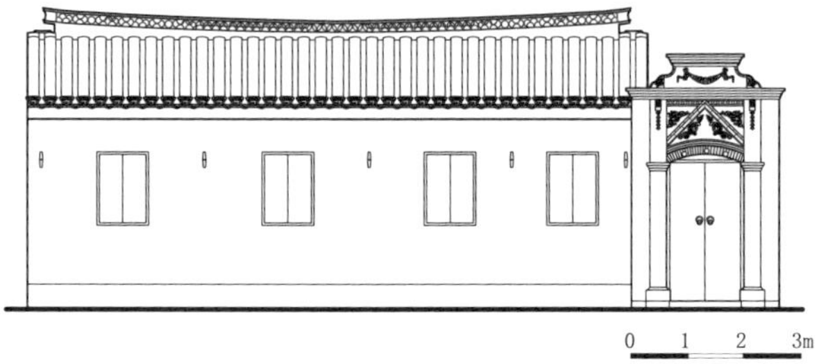

西立面图

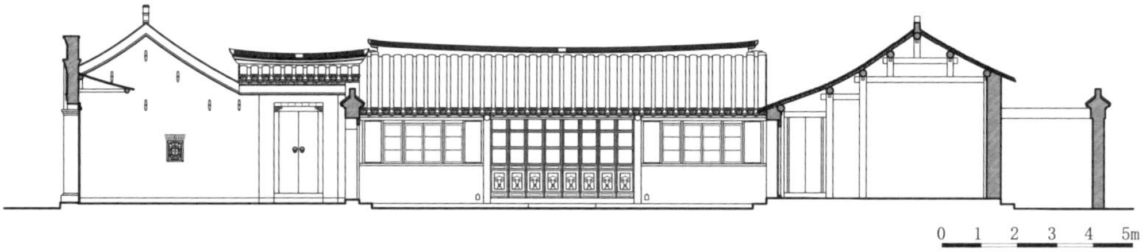

1-1剖面图

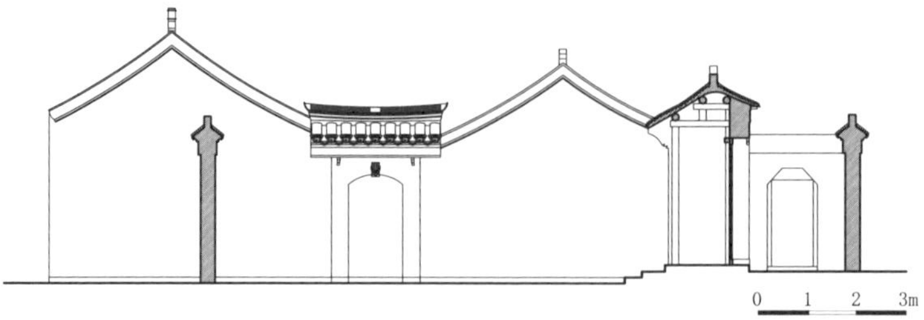

2-2剖面图

小巷7-9号

建于清末民初

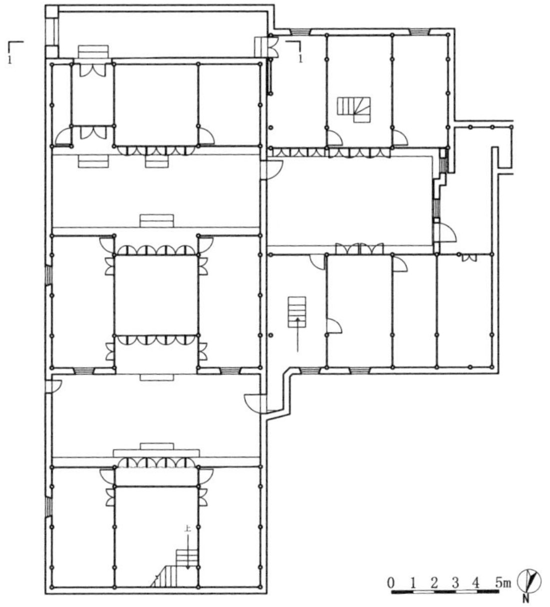

一层平面图

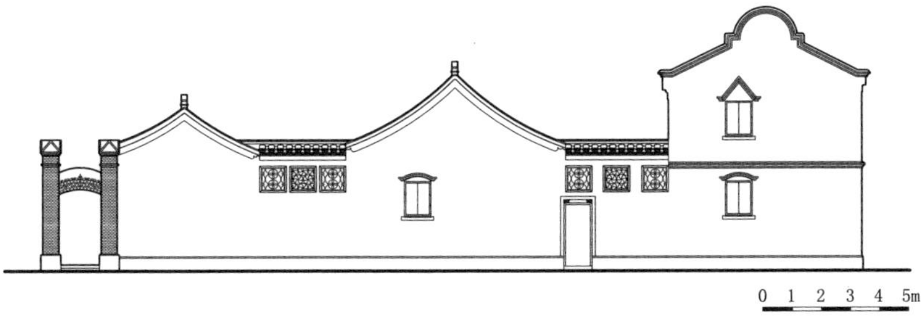

东立面图

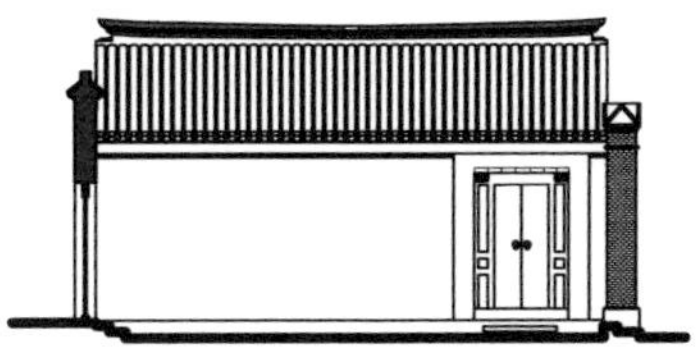

1-1剖面图

参考文献

[1] 过伟敏．建筑艺术遗产保护与利用[M]．南昌：江西美术出版社，2005.

[2] 史明．无锡传统历史建筑[M]．北京：中国建筑工业出版社，2019.

[3] 过伟敏，刘佳．镇江近代建筑[M]．南京：东南大学出版社，2015.

[4] 过伟敏，潘馨兰．清至民国初期的苏南公所建筑的调查研究（一）[J]．家具，2016，5.

[5] 过伟敏，潘馨兰．清至民国初期的苏南公所建筑的调查研究（二）[J]．家具，2016，6.

[6] 过伟敏，刘春羽，肖劼．民国苏州与无锡城市商店立面式样[C]．2017年亚洲设计文化学会（ADCS）国际研讨会论文集，2017.

[7] 龚滢．基于社会心理的江南近代建筑谱系研究——以苏州地区为例[D]．江南大学博士学位论文，2021.

后 记

笔者研究团队早在2014年就开始谋划，并着手整理出版一本以江苏各地传统建筑测绘图为主要内容的书籍。主要城市涉及苏州、无锡、常州、镇江、扬州和南通共6个城市，案例选择了二百余例，亦专门撰写了总论和各城市的研究分论。其中研究对象涉及的时间跨度较大，包括近代以前的传统建筑到近代建筑。

而最终呈现在读者面前的，是一个更加集中的选择。即聚焦于江苏近代建筑，涉及的城市缩减为苏州、无锡、常州、镇江和南通5个城市，案例亦缩减了百余例。

本书出版的目的，主要是协力于江苏近代建筑历史信息的保全工作，同时希望帮助读者了解除南京外、江苏其他城市近代建筑的历史信息，进而成为了解江苏近代建筑的指南。此外也推进建立比较完整的江苏近代建筑信息库工作，为当下的保护、传承和创新提供基础。

本书文字部分由过伟敏、刘佳撰写完成。案例建筑图录部分，苏州部分由龚滢博士带领研究生完成现场测绘，无锡部分由史明老师带领研究生完成现场测绘，常州部分由黄颖博士带领研究生完成现场测绘，镇江部分由刘佳老师带领研究生完成现场测绘，南通部分由罗晶老师带领研究生完成现场测绘。过伟敏、刘佳负责全书的校核，王馨怡和邢兆连两位博士生协助整理了案例建筑图录部分的测绘图纸。

本书是江南大学设计学院建筑艺术遗产保护与再生研究团队多年来的研究积淀，蕴含了二十余年来所有团队成员和历届博士生和硕士生的心血，在此一并感谢各位的付出！

感谢中国轻工业出版社对本书出版的大力支持，感谢各位编辑为本书的顺利出版付出的辛勤劳动。

因笔者学识疏浅，书中难免存在粗疏和不足，望读者能给予指正。

图书在版编目（CIP）数据

江苏近代建筑式样图说 / 过伟敏，刘佳著．—北京：中国轻工业出版社，2023.9

ISBN 978-7-5184-4229-4

Ⅰ．①江…　Ⅱ．①过…②刘…　Ⅲ．①建筑艺术—江苏—近代—图集　Ⅳ．①TU-092.5

中国版本图书馆CIP数据核字（2022）第256120号

责任编辑：李　红
文字编辑：张　晗　　责任终审：劳国强　　整体设计：锋尚设计
策划编辑：毛旭林　　责任校对：晋　洁　　责任监印：张京华

出版发行：中国轻工业出版社（北京东长安街6号，邮编：100740）
印　　刷：天津图文方嘉印刷有限公司
经　　销：各地新华书店
版　　次：2023年9月第1版第1次印刷
开　　本：710×1000　1/16　印张：13
字　　数：280千字
书　　号：ISBN 978-7-5184-4229-4　定价：69.80元
邮购电话：010-65241695
发行电话：010-85119835　传真：85113293
网　　址：http://www.chlip.com.cn
Email：club@chlip.com.cn
如发现图书残缺请与我社邮购联系调换
220821W3X101ZBW